余姚市节水型社会建设实践

奕永庆　陈吉江　沈海标　著

黄河水利出版社

·郑　州·

内容提要

本书是浙江省余姚市节水型社会建设工作的实践总结，内容包括法规节水、农业节水、工业节水、生活节水、雨水利用、优化配置、治污节水、宣传节水、资金保障、节水效益等，书末附有水稻薄露灌溉技术、经济型喷滴灌技术、中国节水技术政策大纲、国家农业节水纲要（2012—2020）。

本书可供正在进行节水型社会建设的领导和同仁，水利、农业系统领导、专家和广大农户参考，也可供高等院校及职业学校水资源、农田水利、园林艺术和农学专业的教师和学生参阅。

图书在版编目(CIP)数据

余姚市节水型社会建设实践／奕永庆，陈吉江，沈海标著.郑州：黄河水利出版社，2014.11
ISBN 978－7－5509－0993－9

Ⅰ.①余… Ⅱ.①奕…②陈…③沈… Ⅲ.①城市用水-节约用水-研究-余姚市 Ⅳ.①TU991.64

中国版本图书馆CIP数据核字（2014）第293817号

组稿编辑：贾会珍　电话：0371-66028027　E-mail：110885539@qq.com

出 版 社：黄河水利出版社
地址：河南省郑州市顺河路黄委会综合楼14层　邮编：450003
发行单位：黄河水利出版社
发行部电话：0371－66026940、66020550、66028024、66022620(传真)
E-mail：hhslcbs@126.com
承印单位：河南省瑞光印务股份有限公司
开本：787 mm×1 092 mm　1／16
印张：10
字数：210千字　印数：1—1 500
版次：2014年11月第1版　印次：2014年11月第1次印刷

定价：39.00元

浙江省余姚市

全国节水型社会建设示范区

中华人民共和国水利部　全国节约用水办公室

二〇一四年一月

全国节水型社会建设示范区牌

水利部太湖流域管理局验收专家在现场

浙江省余姚市全国节水型社会建设试点
验收组

序号	姓　名	单　位	职务/职称	签　名
1	叶寿仁	水利部太湖流域管理局	巡视员、副局长	
2	高而坤	水利部水资源司	原司长	
3	冯　强	浙江省水利厅	副厅长	
4	罗　尖	水利部太湖流域管理局	处　长	
5	江　影	浙江省水利厅	处　长	
6	耿玉琴	水利部太湖流域管理局	副调研员	
7	薛　琨	宁波市水利局	副局长	

浙江省余姚市全国节水型社会建设试点
评估专家组

序号	姓　名	单　位	职务/职称	签　名
1	高而坤	水利部水资源司	教　高	
2	罗　尖	水利部太湖流域管理局	处　长	
3	耿玉琴	水利部太湖流域管理局	教　高	
4	吴永祥	南京水利科学研究院	教　高	
5	蒋　屏	浙江省农水局	教　高	
6	王亚红	浙江省水利厅	高　工	
7	姜小俊	浙江省水资源管理中心	高　工	
8	张建勋	宁波市水利局	高　工	
9	沈仁英	浙江省水利厅	高　工	

前　言

缺水，20 世纪 80 年代水利专家和有识之士已经意识到：中国缺水，不仅在北方，南方也缺，而解决缺水问题最现实的途径是节水。

余姚，这个以 1973 年发现河姆渡遗址而闻名于世的江南水乡，早从 1990 年就开展了节水行动，2009 年被水利部列为全国节水型社会建设试点，2014 年年初被水利部、全国节约用水办公室命名为“全国节水型社会建设示范区”。

农业节约最多的水。1993 年开始推广水稻薄露灌溉技术，1995 年基本普及，浙江省政府在余姚召开现场会，至 1997 年，全省推广面积达到 500 万亩。2000 年开始研究推广经济型喷滴灌技术，三任副省长先后作出 6 次批示，省政府再次到余姚举行现场会，截至 2013 年年底，全省推广面积达到 110 万亩。中国工程院茆智、王浩、康绍忠，中国科学院刘昌明等院士专家，一致评价“水稻薄露灌溉和经济型喷滴灌处于国际领先水平”。这两项技术年节水 3 000 多万 m^3，经水利部推荐，荣获 2013 年“国际灌排委员会节水技术奖”。

工业既节水又减排。200 多家重污染企业搬迁，2 000 多家企业节水改造，循环利用、中水回用、雨水利用三管齐下，万元工业增加值耗水量降至 17 m^3，接近发达国家的水平。余姚江水质从劣Ⅴ类恢复至Ⅲ类，成为浙江省水系污染成功治理的范例。

生活节省最好的水。供水管道改造与创新管理结合，城市管网漏损率 4 年下降 10 个百分点，降至 5.6%，这又是一项国内先进纪录，每年节水 40 万 m^3。平原农村实现供水城乡一体化，山区在全国率先实现“村村通水、站站消毒”，陈雷部长亲临考察并批转全国借鉴。1 600 多座公共厕所装上节水器，每年节约自来水 113 万 m^3。万元 GDP 用水量降至 43 m^3，仅为全国平均值的 1/3。

水利部太湖流域管理局组织对余姚市节水型社会建设试点验收，结论为“圆满完成”，这是验收标准中的最高评价。

作者对余姚的节水型社会建设工作作了回顾总结，终成此稿。由于作者长期从事农业节水，实践面狭窄，且收集的资料不很完整，文中对农业节水叙述较多，而对工业、生活节水则作略写，谨请读者谅解。

作　者

2014 年 7 月

余姚市节水型社会建设试点验收意见（节选）

余姚市按照水利部关于节水型社会建设试点验收工作的要求，开展了试点建设自评估工作，提供了完整的试点建设材料，通过了太湖流域管理局会同浙江省水利厅组织的专家评估，评估结论为“圆满完成”，符合全国节水型社会建设试点验收条件。

试点期间，余姚市按照《浙江省余姚市节水型社会建设规划》，扎实推进试点各项工作，初步建成了包括农业、工业、生活和城镇公共节水在内的节水型社会。一是体制机制建设与制度实施方面，成立了以市长为组长，以21个职能部门主要领导为成员的节水型社会建设试点工作领导小组；主要任务纳入已有考核体系，根据实绩考核评分结果评价乡镇党政领导班子的年度政绩并进行奖惩；严格执行取水许可、水资源论证、计划用水和节水“三同时”等管理制度，创新建立节水投融资机制，并通过《余姚市节约用水办法》等多项政策措施促进水资源节约保护。二是工程技术体系建设方面，大力推广经济型喷微灌技术，通过实施薄露灌溉和渠道节水改造工程，有效提高农业用水效率；构建联合优化调度体系，实现多水源、多用户、水量水质联合优化调度；大力推进以企业为主体的工业节水减污技术改造工程，通过开展电镀等行业专项整治，有效改善城乡环境质量；在全省率先实施山区农民供水提升工程，有效提高山区居民生活供水保障；开展平原农村片供水管网改造、一户一表改造等工程，提高城镇生活用水效率；推广雨水集蓄利用、再生水利用等非常规水资源利用；系统开展水库水源地治理等水环境治理工作，有效改善水环境质量。三是宣传教育和示范引领方面，利用报纸、电视、广播等主流媒体宣传节水知识和理念，开展节水主题征集、节水知识竞赛、节水型学校和节水型家庭评选、节水宣传进社区、节水专题科普讲座等形式多样的节水宣传教育活动，普及节水知识，增强全社会的水资源忧患意识和节约保护意识。

试点以来，余姚市积极探索水资源相对丰沛的南方经济发达地区节水型社会建设模式，形成了具有区域特色的节水型社会建设经验：一是普及经济型喷滴灌技术，发展节水型现代农业；二是优化配置，科学调度，提高水资源利用的效率和效益；三是强化治污促进节水，实现经济发展与水资源节约保护共赢；四是创新投融资机制，为节水型社会建设提供资金保障。

综上，验收组同意余姚市通过全国节水型社会建设试点验收。

组长：叶寿仁
2013年12月4日

目　录

第一章　法规节水

第一节　执行法规

一、《宁波市余姚江水污染防治条例》

1995年5月31日宁波市人大常委会通过《宁波市余姚江水污染防治条例》(简称《条例》)，共五章四十三条，1995年6月30日浙江省人大常委会批准。正是这个具有地方特色的《条例》的施行，使余姚江水质在20世纪末就总体恢复到了Ⅲ类水平，成为浙江省八大水系中污染防治最成功的范例。

现把部分条款摘录如下：

第六条　市和有关县(市、区)人民政府应当根据开发利用与保护并重的原则，制订余姚江开发利用及综合整治规划，纳入国民经济和社会发展计划，并组织实施。

第七条　余姚江水质执行国家《地面水环境质量标准》(GB 3838—88)Ⅲ类标准，其中饮用水源一级保护区执行Ⅱ类标准。

市环境保护局应当会同有关部门，根据余姚江不同区段的功能，划定保护区，报市人民政府批准后，由环境保护部门设立保护标志。

第八条　市人民政府可以根据余姚江水污染防治的实际情况，制定严于国家标准的地方污染物排放标准，经省环境保护局审核，报省人民政府批准后实施。

第九条　禁止新建、扩建向余姚江排放含有国家《污水综合排放标准》(GB 8978—88)中第一类污染物(汞、烷基汞、镉、铬、六价铬、砷、铅、镍、苯并芘)的建设项目，以及化学制浆、制革、氰化物生产等严重污染水体的建设项目。

第十条　严格控制新建、扩建向余姚江排污的造纸、漂染、粘胶纤维、生物发酵、麻类加工、合成化工、有色金属冶炼等建设项目。

第十一条　对向余姚江排放污染物的企业、事业单位，实施总量、浓度控制和排污许可证制度。

企业、事业单位向余姚江排放污染物，必须取得排污许可证，污染物种类、浓度和总量不得超过排污许可证规定的排放标准和总量控制指标。

现有排污单位应积极采用清洁生产工艺和先进的污染防治技术，做到达标排放。排污单位排放污染物超过排放标准或总量控制指标的，由环境保护部门责令限期整治。排污单位在限期治理期间，必须采取限产减污措施，并制订治理计划，定期向环境保护部门报告治理进度。

第十二条　排污单位的水污染防治设施必须正常运行，不得擅自关、停、闲置或拆除。确因故障、检修等原因无法运行的，应当采取停产或减产等减污措施，并及时报告所在地环境保护部门。

第十三条　严格控制未经处理的城镇污水直接排入余姚江。

余姚江沿岸的城镇人民政府应当编制城镇污水处理系统的建设规划，并组织实施。

城镇土地成片开发，应当同步建设排污管网；开发区、工业小区应当同步建设污水集中处理设施。

第十四条　禁止在余姚江水体实施下列行为：

（一）排放或倾倒油类、酸液、碱液和有毒废液；

（二）排放或倾倒工业废渣、放射性废弃物、生活垃圾、粪便和其他废弃物；

（三）清洗装贮过油类或有毒污染物的船只、车辆和容器等。

第十五条　在余姚江饮用水源一级保护区内，必须遵守下列规定：

（一）禁止新建、扩建与供水和保护水源无关的建设项目；

（二）禁止从事网箱养殖、种植和放养禽畜；

（三）禁止设置排污口，已设置的排污口必须拆除；

（四）禁止从事游泳、游艇等水上运动；

（五）禁止运载油类、粪便、垃圾、有毒物质的船舶进入。

第十六条　在余姚江饮用水源二级保护区内，必须遵守下列规定：

（一）不得建设码头；

（二）不得从事网箱养殖、种植和放养禽畜；

（三）不得新建、扩建向水体排放污染物的建设项目；

（四）不得新设排污口，已设置的排污口必须按要求削减排污量。

第十七条　严格控制在余姚江岸堆放、存贮、填埋化学危险物品和固体废弃物；因生产需要临时堆放、存贮的，必须按规定经当地环境保护部门和其他有关部门同意，并采取相应的防污染措施。

余姚江岸不得处置或回收、利用列入国家、省、市控制名录的危险废物。

第十八条　余姚江沿的企业、事业单位从境外引进技术、设备的建设项目，必须符合无污染的要求；对可能污染余姚江水体而国内缺乏治理技术和设备的，必须同时配套引进污染防治技术和设备。

第十九条　船舶向余姚江排污必须符合船舶污染物排放标准。船舶运载油类、化学危险物品或有毒物质，必须采取有效的防护措施，防止溢流、渗漏和货物落水造成水污染。

第二十条　余姚江沿岸农田使用化肥，应注意防止污染水体。

使用农药，应当符合国家有关农药安全使用的规定和标准；运输、存贮农药和处置过期失效的农药，必须加强管理，防止污染水体。

在余姚江饮用水源保护区陆域范围内禁止使用剧毒和高残留农药。

二、《中华人民共和国水法》

《中华人民共和国水法》(简称《水法》)，共八章八十二条，2002年10月1日起施行，是国家水务工作的大法，更是水利工作者的大法。

《水法》第八条明确规定：国家厉行节约用水、大力推行节约用水措施，推广节约用水新技术、新工艺，发展节水型工业、农业和服务业，建立节水型社会。

建立节水型社会，需要全社会的共同努力，当然更是水利部门的一项基本任务，《水法》使我们水利工作者树立了做好节水工作的使命感。

三、《中国节水技术政策大纲》

为指导节水技术开发和推广应用，推动节水技术进步，提高用水效率和效益，促进水资源的可持续利用，国家发展改革委、科技部、水利部、建设部和农业部组织制订了《中国节水技术政策大纲》(简称《大纲》)，共分五个部分五十六条，2005年4月29日起施行。

《大纲》分农业、工业、城市生活三个领域，系统推介了适用的节水技术，现摘录如下。

1. 总论

节约用水、高效用水是缓解水资源供需矛盾的根本途径。节约用水的核心是提高用水效率和效益。

采取法律、经济、技术和工程等切实可行的综合措施，全面推进节水工作。节水工作要实现三个结合，即工程措施与非工程措施相结合，先进技术与常规技术相结合，强制节水与效益引导相结合。

《大纲》按照实用性原则，从我国实际情况出发，根据节水技术成熟程度、适用的自然条件、社会经济发展水平、成本和节水潜力……重点强调对那些用水效率高、效益好、影响面大的先进适用技术的研发与推广。

2. 农业用水

农业仍是我国第一用水大户，发展高效节水型农业是国家的基本战略。

积极发展多水源联合调度节水。

发展土壤墒情、旱情监测预测技术。

因地制宜应用渠道防渗技术。

发展管道输水技术。

大力推广以稻田干湿交替灌溉为主的水管理技术。

因地制宜发展和应用喷灌技术，……积极研究和开发低成本、低能耗、使用方便的喷灌技术。

鼓励发展微灌技术。……鼓励结合雨水集蓄利用工程，发展和利用低水头、重力式微灌技术；积极研究开发低成本、低能耗、多用途的微灌设备。

发展养殖业节水技术，提高牧草灌溉、畜禽饮水、畜禽养殖场舍冲洗、畜禽降温、水产养殖等养殖技术的用水效率，是农业节水的一个重要方面。

发展集约化节水型养殖技术。提倡家畜集中供水与综合利用；推广新型环保禽舍、节水型降温技术和饮水设备……

3. 工业节水

大力发展和推广工业用水重复利用技术，提高水的重复利用率是工业节水的首要途径。

工业冷却用水占工业总用水量的80%左右，取水量占工业取水量的30%~40%。

发展高效冷却节水技术是工业节水的重点。

工业生产的热力和工艺系统用水……其用水量占工业用水的第二位，仅次于冷却水。节约热力和工艺系统用水是工业节水的重要组成部分。

鼓励在废水处理中应用臭氧、紫外线等无二次污染消毒技术。开发和推广……活性碳吸附法、膜法等技术在工业废水处理中的应用。

鼓励和推广企业建立用水和节水计算机管理系统和数据库。

4. 城市生活节水

节水型用水器具的推广应用，是生活节水的重要技术保证。

发展污水集中处理再生利用技术。

推广城区雨水的直接利用技术。

推广预定位检漏技术和精确定点检漏技术。

发展绿化节水技术，发展生物节水技术，提倡种植耐旱性植物……绿化用水应优先使用再生水；使用非再生水的，应采用喷灌、微灌、滴灌等节水灌溉技术。

推广游泳池用水循环利用技术。

大力发展免冲洗环保公厕设施和其他节水型公厕技术。

四、《浙江省节约用水办法》

《浙江省节约用水办法》是2007年8月经浙江省人民政府第102次常务会议审议通过、省长签署的第237号令，共六章四十五条，主要对全省范围内的用水、供水、节水及相应的监督处罚进行了详尽的规范规定，对全省的合理用水、节约用水、科学用水起到了积极作用，现摘录其中部分条款如下。

第四条 县级以上人民政府水行政主管部门负责组织、指导、监督本行政区域内的节约用水工作，并具体负责农业节约用水的指导、协调和监管。

县级以上人民政府建设行政主管部门或者设区的市、县（市、区）人民政府确定的部门（以下统称城市节水主管部门）负责指导、协调、监管本行政区域内的城市供水的节约用水工作以及城市供水管网通达范围内的农村节约用水工作。

县级以上人民政府经贸行政主管部门负责指导、协调、监管本行政区域内的工业节约用水工作。

县级以上人民政府农业、发展改革、质量技术监督、卫生、教育、科技、统计、财政、价格等有关部门，按照职责分工，做好节约用水相关工作。

法律、法规对节约用水管理职责分工另有规定的，从其规定。

第二十二条　县级以上人民政府应当增加农业节水灌溉的投入，加快渠系配套建设，逐步发展管道输水，提高渠系水利用系数。

各地应根据当地农业产业结构的要求，因地制宜推广喷灌、滴灌、渗灌、薄露灌溉等先进高效农业节水灌溉技术、畜禽节水型设施和饲养方式。

第二十三条　县级以上人民政府农业行政主管部门应当扶持旱作农业、节水型畜牧业的发展，研究和推广抗旱农作物新品种、土壤保墒和畜牧业节水新技术，降低水的消耗。

第三十条　园林绿化、环境卫生、建筑施工等用水，应当优先利用江河湖泊水、再生水。

城镇绿地、树木、花卉等植物的灌溉，应当推广喷灌、微灌等节水型灌溉方式，鼓励利用经无害化处理后的废水。

五、《国家农业节水纲要（2012—2020年）》

2012年12月国务院办公厅印发《国家农业节水纲要（2012—2020年）》（简称《纲要》）。这是农业节水的首个《纲要》，意味着这方面有了顶层设计，对保障国家粮食安全、促进现代农业发展、建设节水型社会将发挥重要作用。其中：

第六条　完善农业节水工程措施。在水资源短缺、经济作物种植和农业规模化经营等地区，积极推广喷灌、微灌、膜下滴灌等高效节水灌溉和水肥一体化技术。

第十二条　南方地区。要以渠道防渗为主，重点加快排灌工程更新改造，适当发展管道输水灌溉，大力发展水稻控制灌溉……东南沿海经济发达地区要采取各种节水措施，提高灌溉保证率，率先实现农田水利现代化。

第十六条　在喷灌微灌关键设备和低成本大口径管材及生产工艺等方面实现新突破，推广具有自主核心知识产权的智能控制和精量灌溉装备。开展灌区自动化控制、信息化管理等应用技术研究，逐步建立农田水利管理信息网络。

第二十八条　强化宣传教育。充分运用广播、电视、报刊、网络等多种媒体，大力宣传节水的重要性和紧迫性，不断扩大水情宣传教育覆盖面，营造节水的良好社会氛围，形成全社会治水兴水的强大合力。围绕水与生命、水与粮食、水与生态等主题，大力普及农业节水知识和先进实用节水方法，广泛宣传和交流各地开展农业节水取得的成效、经验和做法。

第二节 制定法规

法律规章和政府文件具有严肃性、强制性，是节水型社会建设的“基础工程”。余姚在节水型建设试点期间（2008—2013年）制定政府涉水文件21项，编制涉水规划12项，为节水型社会建设提供了法规和政策保障。

一、出台政府涉水文件

2008—2013年余姚市委、市政府涉水文件见表1-1。

表1-1 2008—2013年余姚市委、市政府涉水文件

序号	名称	发布时间（年.月）
1	余姚市人民政府办公室关于印发2008—2011年经济型喷滴灌发展计划的通知	2008.8
2	余姚市饮用水源保证和污染防治办法	2008.12
3	余姚市人民政府关于成立市全国节水型社会建设试点工作领导小组的通知	2009.6
4	余姚市人民政府关于做好全国节水型社会建设试点工作的意见	2009.9
5	关于开展全市农村水环境集中整治的意见	2010.7
6	关于开展全市河道专项整治工作的实施意见	2010.8
7	余姚市市委关于加快转变方式建设生态文明先行区的决定	2010.7
8	余姚市市委关于加快推进生态文明先行区的决定	2010.8
9	加快城乡污水治理设施建设 提高污水收集处理能力的意见	2010.12
10	余姚市关于加快水利改革发展的实施意见	2011.1
11	余姚市农办、财政局关于下发世行贷款农村生活污水处理项目资金管理实施细则的通知	2011.2
12	关于印发余姚市百千工程农村生活污水处理项目管理办法的通知	2011.2
13	关于加快转型升级促进经济方式转变的若干意见	2011.3
14	余姚市饮用水源保护工作计划	2011.6

续表 1-1

序号	名称	发布时间（年.月）
15	余姚市关于调整自来水水价的公告、余姚市关于调整水利工程水价的通知	2011.6
16	余姚市关于进一步加快农业发展方式　促进农业转型升级的若干意见	2011.9
17	关于做好 2012 年农村工作的若干意见	2012.5
18	关于加快经济型转型升级促进经济方式转变的若干意见	2012.5
19	余姚市废旧塑料加工行业专项整治工作奖励办法	2012.7
20	余姚市人民政府关于印发市节约用水办法的通知	2013.7
21	余姚市机构编制委员会关于同意成立市节水办的批复	2013.9

现把其中 6 个文件介绍于后：

文件 1　余姚市人民政府办公室关于印发经济型喷滴灌发展计划的通知

2008 年 8 月 22 日，余姚市政府第 14 次常务会议审议通过了笔者编写的《余姚市 2008—2011 年经济型喷滴灌发展计划》（简称《计划》），市政府把这个《计划》列入常务会议议题，并审议通过，令我们感到意外，《余姚日报》对此作了报道（见图 1-1），对发展喷滴灌重要性的表述更令人感动：

“会议指出，经济型喷滴灌技术是一项潜力很大的节水技术，是创新强市在农业领域的生动体现，是惠农强农的有效载体。在当前水资源短缺问题日益突出的新形势下，大面积推广经济型喷滴灌，不仅可以节约水资源，缓解缺水矛盾，而且可以增加千家万户农民的收入。

会议要求各地各部门从建设节约型社会的高度，切实抓好喷滴灌技术的推广和应用。”

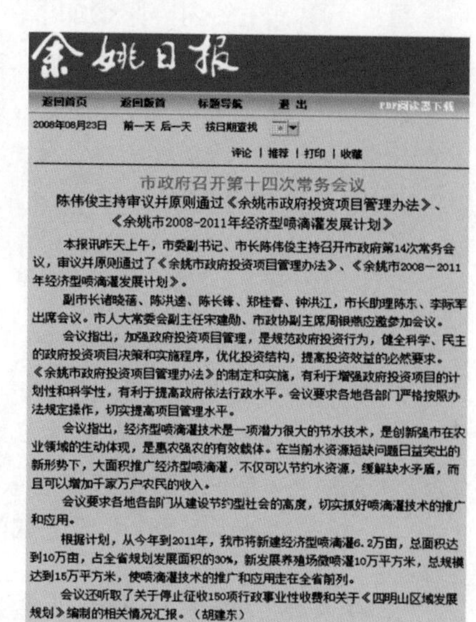

余姚日报

返回首页　返回版首　标题导航　退出　PDF阅读器下载

2008年08月23日　前一天 后一天　按日期查找

评论 | 推荐 | 打印 | 收藏

市政府召开第十四次常务会议

陈伟俊主持审议并原则通过《余姚市政府投资项目管理办法》、《余姚市2008-2011年经济型喷滴灌发展计划》

本报讯昨天上午，市委副书记、市长陈伟俊主持召开市政府第14次常务会议，审议并原则通过了《余姚市政府投资项目管理办法》、《余姚市2008－2011年经济型喷滴灌发展计划》。

副市长诸晓蓓、陈洪逵、陈长锋、郑桂春、钟洪江，市长助理陈东、李际军出席会议。市人大常委会副主任宋建勋、市政协副主席周银燕应邀参加会议。

会议指出，加强政府投资项目管理，是规范政府投资行为，健全科学、民主的政府投资项目决策和实施程序，优化投资结构，提高投资效益的必然要求。《余姚市政府投资项目管理办法》的制定和实施，有利于增强政府投资项目的计划性和科学性，有利于提高政府依法行政水平。会议要求各地各部门严格按照办法规定操作，切实提高项目管理水平。

会议指出，经济型喷滴灌技术是一项潜力很大的节水技术，是创新强市在农业领域的生动体现，是惠农强农的有效载体。在当前水资源短缺问题日益突出的新形势下，大面积推广经济型喷滴灌，不仅可以节约水资源，缓解缺水矛盾，而且可以增加千家万户农民的收入。

会议要求各地各部门从建设节约型社会的高度，切实抓好喷滴灌技术的推广和应用。

根据计划，从今年到2011年，我市将新建经济型喷滴灌6.2万亩，总面积达到10万亩，占全省规划发展面积的30%，新发展养殖场微喷灌10万平方米，总规模达到15万平方米，使喷滴灌技术的推广和应用走在全省前列。

会议还听取了关于停止征收150项行政事业性收费和关于《四明山区域发展规划》编制的相关情况汇报。（胡建东）

图 1-1 《余姚日报》报道

同年 9 月 16 日，余姚市政府办公室发出《关于印发 2008—2011 年经济型喷滴灌发展计划的通知》：

“各乡镇人民政府、街道办事处，市直各部门：《余姚市 2008—2011 年经济型喷滴灌发展计划》已经市政府第 14 次常务会议通过，现印发给你们，请认真贯彻执行。”

文件 2　余姚市人民政府关于成立市全国节水型社会建设试点工作领导小组的通知

2009 年 6 月 10 日，市政府办公室发出成立市节水型社会建设试点工作领导小组的通知，明确：组长由市长担任，副组长由分管农业的副市长担任；成员为以下 20 个有关部门的主要领导：市府办、市水利局、市发展改革局、市委宣传部、市财政局、市教育局、市建设局、市经济发展局、市环保局、市规划局、市统计局、市科技和信息局、市农林局、工商局余姚分局、市文广新闻出版局、市卫生局、市妇联、市科协、市质监局、市总工会。

领导小组下设办公室，办公室设在市水利局，市水利局局长兼办公室主任，市水利局、市发展改革局、市经济发展局、市环保局等 4 个局的副局长为办公室副主任。

2012 年新一届市政府组成人员换届以后，市政府办公室专门发文调整了领导小组组长、副组长以及成员的名单，从组织上保证了节水型社会建设工作的连续性。

文件 3　余姚市人民政府关于做好全国节水型社会建设试点工作的意见

2009 年 9 月 15 日，市政府发出《关于做好全国节水型社会建设试点工作的意见》（简称《意见》），主要内容归纳如下：

一、重大意义。……节水型社会建设，不仅可以从根本上系统解决问题，更可以进一步提升水资源利用的层次，符合现代水利发展的理念。同时节水型社会建设是解决我市今后水资源短缺的根本出路，也是实践科学发展观、增强可持续发展能力的迫切需要。

二、总体目标和要求。……试点末期，实现万元 GDP 取水量从 74 m^3 下降到 65 m^3 以下，灌溉水利用系数从 0.60 提高到 0.66，城市管网漏损率从 15% 下降到 12%，水功能区水质达标率从 70% 上升到 80%。

三、主要任务和工作重点。（一）制度建设。制订《余姚市水价调整方案》等一个方案、二个办法、六个规划。（二）节水工程建设。农业节水，新发展喷滴灌 6.2 万亩等工程；工业节水完成 10 家企业中水回用、雨水回用等工程；城市和生活节水，降低管网漏渗率、完成 3 万户“一表一户”改造、安装公厕节水器 1 000 台等。

《意见》还明确了 20 个成员部门的责任分工。

文件 4　余姚市局关于调整水价的通告

适时调整水价、运用经济杠杆是最有效的节水措施之一。余姚市在 1996 年、2005

年调整水价的基础上，2011 年 6 月，市发展改革局发出关于调整自来水销售价、水利工程水费和污水处理费标准的通知。水利工程供水价格调整情况见表 1-2。

表 1-2　余姚市水利工程供水价格调整情况

（单位：元 /m³）

<table>
<tr><th rowspan="2">供水对象</th><th rowspan="2">水源类别</th><th colspan="2">1996 年</th><th colspan="3">2005 年</th><th colspan="3">2011 年</th></tr>
<tr><th>水价</th><th>其中：水资源费</th><th>水价</th><th>其中：水资源费</th><th>水环境保护费</th><th>水价</th><th>其中：水资源费</th><th>水环境保护费</th></tr>
<tr><td rowspan="3">农业用水</td><td>自流灌溉</td><td>5 元 /（亩·年）</td><td></td><td></td><td></td><td></td><td></td><td></td><td></td></tr>
<tr><td>河网提水</td><td>3 元 /（亩·年）</td><td></td><td></td><td></td><td></td><td></td><td></td><td></td></tr>
<tr><td>鱼塘用水</td><td>6 元 /（亩·年）</td><td></td><td></td><td></td><td></td><td></td><td></td><td></td></tr>
<tr><td rowspan="2">自来水厂</td><td>水库</td><td>0.12</td><td>0.02（工）
0.015（生）</td><td>0.27</td><td>0.08</td><td>0.05</td><td>0.40</td><td>0.08</td><td>0.10</td></tr>
<tr><td>河网</td><td>0.10</td><td>0.02（工）
0.015（生）</td><td>0.22</td><td>0.08</td><td>0.05</td><td>0.35</td><td>0.08</td><td>0.10</td></tr>
<tr><td rowspan="2">自备水用户</td><td>水库</td><td>0.16</td><td>0.02</td><td>0.29</td><td>0.10</td><td>0.05</td><td>0.42</td><td>0.10</td><td>0.10</td></tr>
<tr><td>河网</td><td>0.12</td><td>0.01</td><td>0.25</td><td>0.10</td><td>0.05</td><td>0.38</td><td>0.10</td><td>—</td></tr>
<tr><td rowspan="2">贯流水</td><td>水库</td><td>0.08</td><td>0.01</td><td rowspan="2" colspan="3">按消耗水价格的 50% 计收水费（含水资源费）</td><td rowspan="2" colspan="3">按消耗水价格的 50% 计收水费（含水资源费）</td></tr>
<tr><td>河网</td><td>0.06</td><td></td></tr>
</table>

从表 1-2 可以看出明显的变化：

（1）2005 年方案中农业用水免收水费。余姚早从 2005 年开始就不收农业水费。这是因为：第一，农业用水历来是按亩收费的，而水费均由村集体支付，收费不能起到促进节水的作用，只加重了村集体经济的负担；第二，中央提出对农业要“少取多予”，采取多种措施强农惠农，补助农民，农业水费也就不收了；第三，农业节水则是通过以财政资金为主导，支持农民建造防渗渠道、喷滴灌工程和推广水稻薄露灌溉等节水技术实现。

（2）从 2005 年起水价中增加了水环境保护费。价格为 0.05 元 /m³，其中 0.03 元 /m³ 用于水库上游水源地保护，0.02 元 /m³ 用于水库（湖）水面及库区保洁。2011 年方案中这项费用上调至 0.10 元 /m³，上游保护费和水面保护费分别调整为 0.06 元 /m³、0.04 元 /m³。

2011 年 8 月自来水价格调整方案见表 1-3。

表 1-3　2011 年余姚市水价调整方案

（单位：元 /m³）

用水户类型		城区自来水有限公司		第二自来水有限公司	
		到户价	污水处理费	到户价	污水处理费
居民生活用水	6 m³ 以下	2.00	0.45	2.00	—
	7 ~ 17 m³	2.90	0.45	2.90	—
	18 ~ 30 m³	4.00	0.45	4.00	—
	31 m³ 以上	5.20	0.45	5.20	—
非经营性用水		4.50	1.75	4.40	0.55
经营性用水	一般	4.50	1.75	4.40	0.55
	重污染	5.50	2.95	5.40	1.35
特种行业用水		8.00	2.85	7.00	1.20

注：重污染企业类型有印染、电镀、纸浆、皮革、制药、化工、废塑料加工、炼钢和金属表面化学处理等。

这次水价调整有两个显著特点，体现了与时俱进：一是对生活用水实行“阶 梯水价”。基本生活用水不涨价，即保证 50% 以上的人水价不提高，而用水越多的水价越高，以遏止奢侈用水、浪费用水。二是对生活用水除外的其他用水实行“分类水价”。对污染行业用水和特种行业用水实行合理高水价，符合建设资源节约型社会的政策导向。

文件 5　余姚市人民政府关于印发市节约用水办法的通知

2013 年 9 月，余姚市政府常务会议审议并通过了《余姚市节约用水办法》（简称《办法》），见图 1-2。同年 9 月 18 日，市人民政府发出余政发〔2013〕124 号文件（见图 1-3）。

《办法》中多条具有“余姚特色”：

第四条　市水利局负责组织、指导、监督本市内的节约用水工作，并具体负责农业节约用水的指导、协调和监管。市节约用水办公室受市水利局委托，具体负责本市节约用水的日常工作。

市住房和城乡建设局为城市节水主管部门，负责指导、协调、监管本市城市供水的节约用水工作以及城市供水管网通达范围内的农村节约用水工作。

市经济和信息化局负责指导、协调、监管本市的工业节约用水工作。市发展和改革、农林、质量技术监督、卫生、教育、科技、统计、财政等有关部门，按照职责分工，做好节约用水相关工作。

这里需说明一个情况，余姚市政府 2013 年 7 月明确，城市供水由市城市投资集团公司负责，那么城市供水的节约用水工作该由谁管理？经过讨论，大家一致认为，由负责供水的企业去管理节水有一定的局限性，最后确定：作为政府的职能部门，市住房和城

图 1-2　余姚市节约用水办法

余姚市人民政府文件

余政发〔2013〕124 号

余姚市人民政府关于
印发余姚市节约用水办法的通知

各乡镇人民政府、街道办事处，市直各部门：

现将《余姚市节约用水办法》印发给你们，请结合各自实际，认真贯彻执行。

余姚市人民政府
2013年9月18日

（此件公开发布）

- 1 -

图 1-3　余姚市人民政府关于印发《办法》的通知

乡建设局仍为城市节水主管部门。

第五条　市直有关部门按照各自工作职责开展“节水标兵”、“节水能手”、“节水型家庭”、“节水科普”等有关工作。

这一条是余姚“独创”的，目的是发挥各群团组织的作用，形成全社会节水的合力。

第七条　国民经济和社会发展规划、城市总体规划、重大建设项目和产业结构布局以及招商引资项目，应当与水资源承载能力及环境容量相适应，限制高耗水项目，发展节水型工业、农业和服务业，积极探索分质供水，鼓励机关、企事业单位和农村家庭回用再生水和利用雨水。

这一条中最后一句“鼓励机关、企事业单位和农村家庭回用再生水和利用雨水”也是余姚“加”上去的。

第十八条　年耗水量达到 10 万 m^3 及以上的工业和其他建设项目，由市水利局对基本建设工程初步设计或政府投资项目建议书中的合理用水的专题论证内容进行审核。

经过调查，确定年用水量大于 10 万 m^3（含 10 万 m^3）为用水大户，把“用水大户”这个抽象的概念具体“量化”了，这样在实际工作中就有了可操作性。

第二十三条　乡镇人民政府、街道办事处逐步增加农业节水灌溉的投入，加快渠系配套建设，逐步发展管道输水，提高渠系水利用系数。应当根据农业产业结构的调整，因地制宜推广喷灌、微喷灌、滴灌、水稻薄露灌溉等先进高效节水灌溉技术、畜禽场节水型设施和饲养方式。

这一条中 “喷灌、微喷灌、滴灌、水稻薄露灌溉”以及畜禽场节水等余姚有较好的工作基础，是余姚的亮点，在《办法》中固定下来，具有针对性，更具余姚特色。

第二十四条　市农林局应当扶持农业旱作技术，研究和推广抗旱农作物新品种、土壤保墒、水产养殖等节水新技术，降低水的消耗。

上述两项明确了市水利局和农林局在农业节水中的分工。

第三十条　园林绿化、环境卫生、建筑工地等用水，应当优先利用河网水、雨水、再生水。

城镇绿地、树木、花卉等植物的灌溉应当推广喷灌、滴灌等节水型灌溉方式，鼓励利用雨水和经无害化处理后的废水。

这一条中也强调了“喷灌、滴灌”和“雨水”。

第三十五条　超计划用水累进加价水费和居民生活用水阶梯式水价中递增部分的收入可用于节水技术研究、开发、推广和节水设施建设、水平衡测试、节水管理及奖励、供水管网建设、一户一表改装等。

超计划累进加价水费收取、使用及管理的具体办法，由市发改、财政主管部门会同市有关部门另行制定，报市人民政府备案。

这一条特别明确了今后抓“节水管理”工作经费及奖励资金的来源。

第三十六条　鼓励用水户积极开展节水工作，杜绝浪费，并对节水工作成绩突出的单位（个人）进行表彰。

（一）因地制宜，积极推广、应用先进高效节水灌溉技术，成绩显著的；

（二）中水回用、雨水利用、污水收集处理、节水型生活用水器具的推广等工作中成绩显著的；

（三）节约用水管理、节约用水宣传、节水新技术推广应用，成绩显著的。

这一条对奖励的对象作了明确的表述，使之更具操作性。

文件6　市机构编制委员会关于同意成立市节水办的批复

鉴于节水型社会建设试点领导小组办公室是临时机构，而节水型社会建设是一项长期任务，2013年余姚市着手设立节约用水办公室。

2013年9月29日，余姚市机构编制委员会发文：“为进一步增强全社会节约用水意识，合理开发、配置、利用水资源，提高水的利用效率，经研究同意在你局水政水资源科增挂余姚市节约用水办公室牌子……经上述职能调整后，给你局增核中层干部职数1名。”

二、编制涉水规划

余姚市涉水规划（2008—2013年）见表1-4。

表 1-4　余姚市涉水规划 (2008—2013 年)

序号	名称	日期（年 . 月）
1	余姚市 2008—2011 年经济型喷滴灌发展计划	2008.9
2	余姚市城乡饮用水安全保障规划	2009.1
3	余姚市水域保护规划	2009.2
4	浙江省余姚市节水型社会建设规划	2009.9
5	余姚市域污水工程专项规划	2010.1
6	四明湖、陆埠、梁辉等 3 座大中型水库水资源保护规划	2010.1
7	余姚市 17 个平原镇和街道河道规划	2010.1
8	余姚市四明湖山区片供水保障能力提升规划	2011.2
9	余姚市农田水利建设规划报告	2010.12
10	余姚市环境保护与生态建设“十二五”规划	2011.5
11	余姚市“十二五”淘汰落后产能规划	2012.1
12	余姚市水利发展“十二五”规划	2012.12

现选其中部分规划介绍如下。

规划 1　余姚市 2008—2011 年经济型喷滴灌发展计划

主要内容如下：

（1）加快喷滴灌发展速度。2008—2011 年新建经济型喷滴灌 6.2 万亩，新建畜禽场微喷 10 万 m^2，年均分别发展 1.6 万亩、2.3 万 m^2，分别是 2000—2007 年的 1.7 倍和 4 倍。分年实施计划见表 1-5。

表 1-5　经济型喷滴灌发展计划

（单位：亩）

序号	镇（乡、街道）	所在村及作物	合计	2008 年	2009 年	2010 年	2011 年
1	朗霞	杨家葡萄、黄家村蜜梨	2 000	500	500	500	500
2	黄家埠	横塘、十六户榨菜	2 000		1 000	500	500
3	临山	邵家丘村葡萄、梅园村青瓜	4 000	500	1 000	1 200	1 300
4	泗门	楝树下、谢家路等 12 个村榨菜	27 000	5 000	7 000	7 000	8 000
5	小曹娥	镇海、朗海等村榨菜	3 000	500	900	800	800
6	丈亭	梅溪、寺前王、回龙等村杨梅	6 000	1 500	1 500	1 500	1 500
7	三七市	唐李张村竹笋、石步村杨梅	2 000	500	500	500	500
8	陆埠	孔岙村、蒋岙村竹笋	3 000		1 000	1 000	1 000
9	梁弄	横路、贺溪、东溪等村水果	3 000		1 000	1 000	1 000
10	鹿亭	龙溪竹笋、白鹿村蔬菜	2 000	500	500	560	440
11	大岚	南岚、新岚、丁家畈等村茶叶	4 000		1 500	1 500	1 000
12	四明山	茶培、唐溪、杨湖等村苗木和板栗	4 000	1 000	1 500	1 500	
合 计（万亩）			6.26	1.00	1.79	1.756	1.654

（2）提高财政补助比例。明确提出喷滴灌属于农业基础设施，应以公共财政投入为主，宁波、余姚两级财政补助比例从 50% 提高到 65%（平原）和 85%（山区）。

（3）加大市财政投入力度。余姚市财政喷滴灌专项资金从每年 70 万元提高到 500 万元，上升比例达 7 倍之多。

（4）安排推广工作经费。市财政专门安排每年 20 万元工作经费，用于经济型喷滴灌技术的培训、宣传和项目管理。

这个计划于 2011 年实施完成。4 年间每年投入财政资金 1 800 万元，其中中央“小型农田水利重点县”资金 800 万元，宁波市和余姚市级各 500 万元。4 年中共建成作物喷滴灌 6.46 万亩，同时建成畜禽场微喷 22.75 万 m^2，分别完成原计划的 104% 和 228%。

规划 2　浙江省余姚市节水型社会建设规划

余姚于2009年8月编制完成《浙江省余姚市节水型社会建设规划》（简称《规划》），《规划》共分10章38条，提出了节水型社会建设目标和主要任务、重点区域与重点领域、节水重点工程及保障措施。现把部分内容摘录于后。

第3章　建设目标和主要任务

3.4　建设目标

总体目标。2011年，用水总量不超过4亿 m^3，万元GDP取水量控制在65 m^3，人均综合用水量（含6个月以上暂住人口）控制在309 m^3；至2015年，用水总量不超过4.5亿 m^3，万元GDP取水量控制在47 m^3，人均综合用水量控制在342 m^3；至2020年，用水总量不超过4.8亿 m^3，万元GDP取水量控制在34 m^3，人均综合用水量控制在346 m^3。

农业节水目标。2011年，余姚市灌溉水利用系数达到0.66，灌溉保证率达到80%，节水灌溉工程面积比例达到70%，水稻薄露灌溉等先进的节水灌溉模式推广率达到90%以上，农业综合灌溉定额可减少至255 m^3/亩；2015年和2020年灌溉水利用系数提高到0.68和0.70，灌溉保证率达到82%和85%，节水灌溉工程面积比例达到75%和80%，水稻薄露灌溉等先进节水灌溉模式推广率达到92%和95%以上，农业综合灌溉定额减少至247 m^3/亩和237 m^3/亩。

工业节水目标。2011年，工业万元增加值用水量控制在30 m^3，工业用水重复利用率达到75%；2015年，工业万元增加值用水量控制在26 m^3，工业用水重复利用率达到80%；2020年，工业万元增加值用水量控制在22 m^3，工业用水重复利用率达到90%。

生活节水目标。2011年余姚市城市管网漏损率控制在12%，节水器具普及率达到85%，城镇生活用水定额控制在175 L/（人·d），农村生活用水定额控制在120 L/（人·d）；至2015年，城市定额控制在180 L/（人·d），农村生活用水定额控制在122 L/（人·d）；2020年，管网漏损率控制在8%，节水器具普及率力争实现95%，城镇生活用水定额控制在185 L/（人·d），农村生活用水定额控制在125 L/（人·d）。

水生态与水环境目标。2011年，各水功能区水质达标率达到80%以上，饮用水水源区水质达到Ⅱ类标准，城镇生活污水集中处理率达到75%，工业废水排放达标率达到100%，水生态和水环境有一定改善；2015年，各水功能区水质达标率达到85%，城镇生活污水集中处理率达到80%，水生态和水环境明显提高；2020年，各水功能区水质指标达标率达到90%，城镇生活污水集中处理率达到90%以上，建成与小康社会相适应的水生态和水环境。

节水型社会建设主要指标见表1-6。

表 1-6　余姚市节水型社会建设指标体系表

类型	序号	指　标	2008 年	2011 年	2015 年	2020 年
综合指标	1	人均综合用水量 (m^3/ 人)	267	309	342	346
	2	万元 GDP 取水量 (m^3)	74	65	47	34
	3	计划用水比率 (%)	85	95	96	98
	4	自备水源供水计量率 (%)	80	95	96	98
生活用水	5	城镇生活用水定额（L/（人 · d））	167	175	180	185
	6	农村生活用水定额（L/（人 · d））	118	120	122	125
	7	节水器具普及率 (%)	60	85	90	95
	8	居民生活用水户表率 (%)	90	95	98	100
生产用水	9	灌溉水利用系数	0.60	0.66	0.68	0.70
	10	节水灌溉工程面积比例 (%)	64	70	75	80
	11	亩均灌溉用水量 (m^3/ 亩)	285	255	247	237
	12	万元工业增加值用水量 (m^3)	32	30	26	22
	13	工业用水重复利用率 (%)	64	75	80	90
	14	城市管网漏损率 (%)	15	12	10	8
生态用水	15	工业废水达标排放率 (%)	85	100	100	100
	16	城市污水集中处理率 (%)	71	75	80	90
	17	地表水水功能区水质达标率 (%)	70	80	85	90

第 4 章　重点区域与重点领域

4.2　重点领域

农业节水。推进灌区节水改造工程，重点实施四明湖灌区支渠修建（10.5 km）、骨干排灌泵站配套改造和田间灌溉配套工程建设，提高灌溉水利用系数。启动中小型泵站改造，提高泵站效率。因地制宜地推广工程节水、农艺节水和管理节水有机结合的综合节水措施，包括输配水技术、田间节水灌溉技术、高效节水灌溉制度与现代节水管理技术等，在总结和推广水稻薄露灌溉、经济作物喷滴灌等高效节水灌溉技术成功经验的基础上，增强技术的配套性、集成性。继续实施《余姚市2008—2011年经济型喷滴灌发展计划》，到2011年全市建成喷灌面积10万亩，形成年节水能力1 000万m^3。

工业节水。推广先进节水工艺和技术。以印染和电镀行业为重点，加快研究和推广工业节水生产工艺。在印染行业，优先推广超临界一氧化碳染色、生物酶处理、天然纤维转移印花、无版喷墨印花等技术，以及棉织物前处理冷轧堆、逆流漂洗、合成纤维转移印花；在电镀行业，继续推广逆流清洗法、回收清洗法、喷淋喷雾清洗法、逆流清洗闭路循环系统和定期全翻槽法等节水清洗法，推广废水处理和回用技术。加快淘汰落后的高耗水工艺、设备和产品。发展重复用水系统，淘汰直流用水系统，延长水的循环轨迹，提高水的重复利用率。

创建节水型企业。加强企业用水管理，严格执行生产企业工艺、设备用水标准和限额，规范企业用水统计报表。定期开展水平衡测试，强化对用水和节水的计量管理，对重点用水系统和设备应配置计量水表和控制仪表，逐步完善自动监控系统。对年取水量在10万m^3以上的工业自备取水户和自来水企业，要建立取水实时数据采集系统，近期完成对90%以上取水户的实时监控。鼓励和推进企业建立用水和节水信息管理系统。

生活节水。加快城镇供水管网改造。加强供水企业及供水管网管理，建立供水管网GIS和GPS信息系统，配套建立具有信息收集、事故分析、决策调度等功能的决策支持系统，建立完备的供水管网技术档案。推广管网检漏防渗技术，全面普查供水管网，加大新型防漏、防爆、防污染管材的更新力度，降低管网漏损率。

加快“一户一表”工程建设进度。减免“一户一表”安装费用，提高居民、单位装表的积极性，逐步实现用水实时监控和计量，对自来水实行智能化抄表到户，以提高居民用水计量的科学性、准确性，合理控制用水量，为实施阶梯式水价创造条件。

建设节水型社区。制定节水型社区标准，建立节约用水社区监督网站，设立免费节水热线，以社区、家庭为单位进行节水的日常宣传教育，增强公众参与意识。发展社区再生水利用技术，鼓励推广应用中水处理回用技术，建立节水型社区的评选与奖励机制，促进城市居民节水。

规划3　17个平原镇、街道河道规划

2009—2010年，余姚市17个平原和半山区镇和街道分别编制了2010—2015年《河道规划报告》，制订规划的目的是强化各级领导的“河道意识”，查清河道“家底”，了解河道现状，明确整治目标，增强河道保护和水面“占补平衡”的法规理念。在全社会像重视道路那样重视河道建设，要像重视耕地保护那样重视水域不受侵占。规划工程内容包括河道拓宽、护岸、疏浚，生态河道建设，泵站、水闸改造，管理制度健全，工

程估算投资 15.03 亿元（见表 1-7）。规划由市水利局、市发展改革局、市规划局联合审查批准，由各镇人民政府和街道办事处组织实施。

表 1-7　余姚市平原镇、街道河道规划汇总

序号	镇、街道名称	区域面积 (km^2)	河道数（条）	河总长 (km)	水域面积 (km^2)	水域容积（万 m^3）	水面率 (%)	投资估算（万元）
1	阳明街道	53.7	120	144.6	2.6	516	6.1	5 381
2	兰江街道	53.5	43	75.4	1.5	702	4.2	7 775
3	梨洲街道	111.6	57	90.2	4.7	4 059	4.4	3 374
4	凤山街道	43.3	56	72.9	0.8	874	6.4	8 258
5	朗霞街道	48.2	191	187.3	2.7	439	7.0	49 172
6	低塘街道	43.1	75	140.4	1.9	366	5.6	8 223
7	黄家埠镇	41.6	87	143.9	4.0	411	10.1	10 365
8	临山镇	46.4	139	174.6	3.8	792	7.6	9 478
9	泗门镇	63.3	106	178.6	2.7	557	6.0	7 842
10	小曹娥镇	33.3	218	183	1.8	213	5.1	4 415
11	牟山镇	38.5	86	77	4.3	1 293	11.6	2 480
12	马渚镇	65.5	179	196.6	3.6	1 018	7.8	5 718
13	丈亭镇	56.0	94	134.1	2.7	1 148	5.2	4 359
14	三七市镇	68.6	92	150.3	3.1	1 351	5.2	6 828
15	河姆渡镇	60.1	124	136	4.5	1 756	7.3	6 783
16	陆埠镇	119.5	83	149	1.8	2 753	5.5	5 680
17	大隐镇	30.8	9	31.2	0.6	125	8.6	4 202
合　计		977	1 759	2 265.1	47.1	18 373	6.7	150 327

规划 4　余姚市农田水利建设规划报告

余姚于 2010 年 12 月完成《余姚市农田水利建设规划报告》（2010—2020 年）。建设内容包括小型水源、灌排沟渠、高效节水灌溉、河道疏浚、水环境整治、粮食功能区建设等六个方面。投资近期（2010—2015 年）4.54 亿元，远期（2016—2020 年）4.3 亿元，总投资 8.84 亿元。规划分项投资见表 1-8。

表 1-8　余姚市农田水利规划分项投资

项目名称		2010—2015 年		2016—2020 年		小计	
		工程量	投资（万元）	工程量	投资（万元）	工程量	投资（万元）
水源（处）	塘坝	50	323.74	50	353.70	100	6 575
	灌溉泵站	96	3 664	104	3 969	200	7 633
渠沟（km）	渠道	412.5	6 541	375	5 947	788	12 488
	管道	21	97.6	21	97.6	42	195
	水沟	157	1 727	157	1 727	314	3 454
	排水泵站	52	1 736	45	1 502	97	3 238
河道疏浚（万 m^3）		1 100	15 000	1 090	15 900	21 90	30 900
水环境整治（个）		60	9 900	50	8 250	110	18 150
高效灌溉（万亩）	喷灌	2.02	2 020	1.57	1 570	3.59	3 590
	微灌	0.58	580	0.53	530	1.11	1 110
粮食功能区（万亩）		4.5	900			4.5	900
合计			45 403		43 030		88 433

规划 5　余姚市四明山片区供水保障能力提升工程规划

余姚平原早在 20 世纪末就实现了城乡供水一体化，自来水基本上全覆盖。2005—2007 年实施了山区农村供水工程（见图 1-4），新建 207 座供水站，在全国率先实现了“村村通水、站站消毒”，解决了 15 个山区、半山区乡镇 21 万人口的饮水难问题，并且建立了农民饮用水工程管理机制。2008 年 1 月水利部部长陈雷专程到余姚考察（见图 1-5），并于同年 6 月作出批示：“余姚市的农村饮水工程建设抓得实，有关做法和经验值得借鉴。”

图 1-4　山区供水站膜过滤设备

图 1-5　陈雷部长考察农村饮水工程

但这一期农村供水工程只解决了“通水”和“消毒”问题，还存在两个问题，即水源不足和农民自发建于 20 世纪八九十年代的“自流水”管路普遍老化、漏水严重。历时半年，在调研的基础上于 2011 年 11 月编制完成了《余姚市四明山片区供水保障能力提升工程规划》（简称《规划》）（2012—2016 年）。

《规划》涉及 11 个乡镇、10.3 万人，内容包括新建扩建水源工程 41 处、投资 3 710 万元，改造供水管网 846 km、投资 7 005 万元，扩建供水站 7 座、设备升级 48 套，投资 1 650 万元，合计总投资 1.269 亿元。工程分两期实施，近期（2012—2014 年）投资 9 894 万元，远期（2015—2016 年）投资 2 796 万元。分乡镇项目见表 1-9。

表 1-9　四明山区片供水保障能力提升工程项目汇总

序号	乡镇街道	建造水源		管网改造		供水站		小计（万元）
		处	万元	km	万元	处	万元	
1	梁弄镇	2	20	73	1 415	5	1 050	2 485
2	大岚镇	10	1 150	215	1 557	3	178	2 885
3	四明山镇	8	750	75	541	11	96	1 387
4	鹿亭乡	8	980	211	1 525	4	44	2 549
5	梨洲街道	5	205	46	343	11	121	669
6	兰江街道	—	—	12	95	1	50	145
7	陆埠镇	6	530	41	338	9	95	963
8	丈亭镇	1	55	37	265	—	—	320
9	三七市镇	1	20	58	377	—	—	397
10	河姆渡镇	—	—	35	254	2	16	270
11	大隐镇	—	—	44	28	1		295
合　计		41	3 710	847	7 005	新建 7 座设备升级 48 套	1 650	12 690

第二章　农业节水·推广经济型喷滴灌

第一节　技术简介

余姚市从2000年开始研究降低喷滴灌工程造价，把发明创新理念、技术经济学原理、优化设计方法应用于喷滴灌系统设计，使工程造价从1 400 ~ 1 800元/亩降低到600 ~ 800元/亩，突破了喷滴灌技术推广的瓶颈，形成了经济型喷滴灌设计理论和设计方法。这项技术成果2006年获浙江省水利厅科技创新一等奖，2009年被列为国家农业科技成果转化资金项目，2012年、2013年分别获余姚市、宁波市科技进步一等奖，2013年经水利部推荐获得“国际灌排委员会节水技术奖”。

经济型喷滴灌已广泛应用于竹笋、杨梅、茶叶、红枫、樱桃、铁皮石斛等山地作物；以及平原蔬菜、葡萄、蜜梨、西瓜、草莓、水稻（育秧）等30多种作物；除了灌水还用于施肥喷药、除霜防冻、淋洗沙尘、增湿降温；除了作物，还创新地把微喷灌应用于猪、兔、羊、鸡、鸭、鹅等畜禽场降温和防疫，鱼塘、石蛙场增氧，以及蚯蚓养殖场增湿，喷滴灌成为包括养殖在内的现代农业不可或缺的基础设施。

2004年，水利部农水司司长、中国灌区协会会长、教授级高级工程师冯广志对这项技术作出如下评价：

这是一项十分有意义，并且取得了显著成效的工作，抓住了解决当前‘三农问题的核心，发展效益农业、增加农民收入，体现了运用先进科学技术，注重技术上的不断发展创新，突出了讲究效益、讲投入产出关系、适应市场经济的要求。

突出效益这个核心，以有市场价格的竹笋、葡萄、梨、桃、花卉、蔬菜等高附加值经济作物喷滴灌为突破口，农民见到了实惠，投入产出关系合理，使这项新技术推广充满内在活力。

从当地工业发达，水源污染严重，而效益农业首先要求的是农产品安全这一实际情况出发，研究开发利用无污染的集雨方法与措施，把生态农业、节水农业、绿色农业、效益农业、现代农业有机结合在一起，这方面的成功探索和实践在国内并不多见。

在喷滴灌系统型式选择上，充分考虑了目前农村小规模家庭土地经营承包、农业集约化程度低的特点，以小系统、小机组、小口径管道为主，价格低，便于推广。

2008 年 5 月，浙江省副省长茅临生对余姚经济型喷滴灌作出批示，先后于 8 月、12 月两次专程到余姚考察，并 2009 年 4 月在余姚召开推广现场会，部署在全省推广百万亩喷滴灌工程。同年，水利部部长陈雷对经济型喷滴灌作出批示，农水司、中国灌排发展中心先后组织专家到余姚调研，认为经济型喷滴灌适宜在全国大面积推广。近 5 年中，浙江省水利厅、宁波市农科院等部门、单位相继举办 35 期培训班，对 4 700 多名省、市、县、乡四级水利工程师、农技人员、农业大户进行经济型喷滴灌技术培训。

截至 2013 年年底，余姚市喷滴灌面积达到 12.8 万亩，占宜建面积的 41%；居我国南方喷滴灌面积大县首位；同时发展养殖场微喷 36.5 万 m^2，占规模化养殖场的 96%，共节约投资 9 800 万元。2000 年以来累计推广作物 66.6 万亩、养殖场 163.5 万 m^2，节水 6 824 万 m^3，增加农民收入 6.3 亿元。浙江全省喷滴灌面积突破百万亩，达到 110 万亩，节约投资 8.2 亿元，累计推广应用面积分别为作物 391 万亩、养殖场 258 万 m^2，节水 3.9 亿 m^3，增加农民收入 35.5 亿元，且今后每年可节水 1 亿多 m^3，增收 10 亿元。

第二节　技术推广

一、茅临生批示

2008 年 5 月 6 日，浙江省副省长茅临生在笔者起草经济型喷滴灌总结上作了批示（见图 2-1）：“看了此文，令人心情激动，创业富民、创新强省发展现代农业，既要有敢想敢干创新精神、运用先进技术的意识，又要有从实际出发、从农民的实际出发推进工作的扎实作风。余姚市经济型喷滴灌技术应用的经验应予总结推广。请省农业厅、水利厅共同派人调查总结，如确有推广价值，我专程去考察一次，研究如何在面上推广学习他们的做法。有关新闻媒体也可将其介绍给农民朋友。”

这个批示对经济型喷滴灌技术推广具有里程碑的意义。

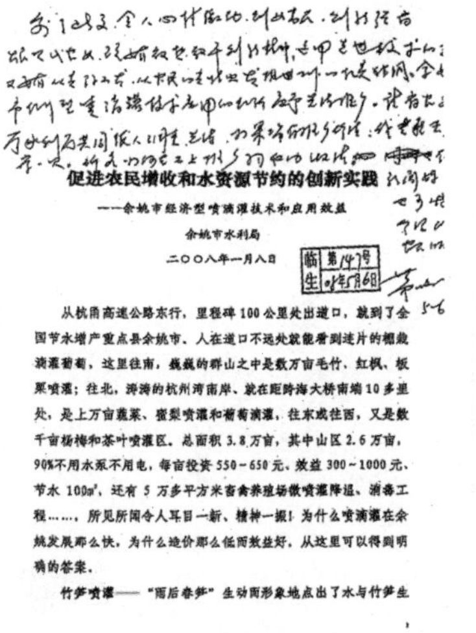

促进农民增收和水资源节约的创新实践

——余姚市经济型喷滴灌技术和应用效益

余姚市水利局

二〇〇八年一月八日

临生 第147号 08年5月6日

从杭甬高速公路东行，里程碑 100 公里处出道口，就到了全国节水增产重点县余姚市。人在道口不远处就能看到连片的棚栽滴灌葡萄，这里往南，巍巍的群山之中是数万亩毛竹、红枫、板栗喷灌；往北，浔涛的杭州湾南岸、就在距跨海大桥南端 10 多里处，是上万亩蔬菜、蜜梨喷灌和葡萄滴灌，往东或往西，又是数千亩杨梅和茶叶喷灌区。总面积 3.8 万亩，其中山区 2.6 万亩，90%不用水泵不用电，每亩投资 550～650 元、效益 300～1000 元、节水 100m³、还有 5 万多平方米畜禽养殖场微喷灌降温、消毒工程……，所见所闻令人耳目一新、精神一振！为什么喷滴灌在余姚发展那么快，为什么造价那么低而效益好，从这里可以得到明确的答案。

竹笋喷灌——“雨后春笋”生动而形象地点出了水与竹笋生

图 2-1　茅临生副省长批示

二、茅临生两次考察

2008 年 8 月 7 日，即北京奥运会开幕的前一天，茅临生副省长率省水利、农业、林业、科技等厅厅长专程到余姚考察经济型喷滴灌。

在余姚市政府汇报会上，省水利厅陈川厅长向茅临生副省长介绍了经济型喷滴灌技术创新的“六化”，即灌区小型化、管道塑料化、泵站移动化、主管河网化、微喷水带化、管带薄壁化，并提出自己的观点：“水利是农业的命脉，特色农业需要改变灌溉方式，采用喷滴灌是必然方向，浙江发展已经到了这个阶段。”

省水利厅农村水利总站蒋屏主任则强调：“喷微灌是引领传统农业向现代化深刻变革的重要举措。浙江喷灌发展停止了15年，关键是降低造价，余姚为我们树立了典型。我省有缓坡山地1 000多万亩，大田经济作物1 000多万亩，都是喷微灌发展的潜力所在。”参观朗霞街道兔场微喷灌（见图2-2）、千亩梨园喷灌（见图2-3）和临山镇江南农庄葡萄滴灌以后，在临山镇召集座谈会，听取当地镇干部、葡萄大户的介绍以后对经济型喷滴灌作了很高评价：

图2-2 茅临生副省长参观兔场微喷灌

图2-3 茅临生副省长参观梨园喷灌

“余姚走出了一条把国外先进的喷滴灌技术与浙江实际结合的成功道路，这与当年把马克思主义与中国实际结合相类似。”

“经济型喷滴灌是转变我省农业增长方式的重要切入点，是农业增效、农民增收的好技术！”

2008年12月4日，茅临生副省长再次专程到余姚考察了临山镇猪场微喷设施和泗门镇千亩蔬菜喷灌工程（见图2-4），并主持座谈会，他在听取12名基层干部和农户代表发言后指出：“当前大力发展经济型喷滴灌的主客观条件已经具备，到了新的发展阶段，要紧紧围绕农业增效、农民增收、农村发展的目标，通过学习推广余姚的成功经验，不断创新工作机制，使‘余姚之花’开满浙江、开遍全国，走出一条具有浙江特色的农业现代化发展之路。”

余姚日报

返回首页 返回版首 标题导航 退出

2008年12月05日 前一天 后一天 按日期查找

评论 | 推荐 | 打印 | 收藏

茅临生来我市调研时指出

加快经济型喷滴灌推广 促进农业发展方式转变

本报讯 根据省委学习实践科学发展观活动的安排部署，昨日，副省长茅临生来我市调研经济型喷滴灌技术推广工作。他指出，要认真总结余姚的成功经验，把加快经济型喷滴灌技术推广作为全面落实科学发展观，促进全省农业发展方式转变的重要举措来抓，努力走出一条具有浙江特色的农业现代化发展之路。

当天，茅临生在宁波市副市长陈炳水，我市领导王永康、陈伟俊、郑桂春等陪同下，实地考察了临山镇禽畜养殖场和泗门镇康绿蔬菜基地的喷滴灌设施，观看了喷滴灌现场演示。随后，他主持召开座谈会，听取了我市经济型喷滴灌技术推广工作的情况汇报，并与我市基层干部、种养大户进行座谈交流，共商经济型喷滴灌技术推广大计。

我市是中国南方喷灌面积最大的县市，从2000年开始研究和推广经济型喷滴灌技术，目前该项技术已广泛应用于山区竹笋、杨梅、茶叶以及平原蔬菜、梨、葡萄等作物，受益面积3.8万亩，并推广到畜禽养殖场进行降温和防疫，面积达5万平方米。今后四年，我市还将投入3900万元，新增山林、农田喷滴灌面积6.2万亩，养殖场喷灌面积10万平方米。

茅临生对我市大力推广经济型喷滴灌技术取得的显著成绩给予充分肯定。他说，党委政府高度重视，各部门协调配合，技术研究取得新突破，这些都是余姚经济型喷滴灌技术推广取得成功的重要经验。他希望我市进一步总结经验，供全省各地学习借鉴。

图2-4 《余姚日报》对考察的报道

三、市政府批准喷滴灌发展计划

2008 年 8 月 22 日，余姚市政府第十四次常务会议审议通过《余姚市 2008—2011 年经济型喷滴灌发展计划》（见图 2-5），会议决定：加快喷滴灌发展步伐，加大财政支持力度，专项资金从每年 100 万元增加到 500 万元，补助比例从 50% 提高到 65%（平原）~ 85%（山区）。《余姚日报》对该次会议进行了报道，见图 2-5。

这次会议的纪要对喷滴灌技术作了如下记述：

会议审议并原则通过了市水利局提交的《余姚市 2008—2011 年经济型喷滴灌发展计划》。会议认为，经济型喷滴灌技术是促进农业增效、农民增收的有效举措，也是发展节水节能绿色农业、减少农业面源污染的重要手段。我市自 2000 年开始研究经济型喷滴灌技术以来，有效突破了成本瓶颈制约，成功地将该技术推广应用到山区和平原的多种农业作物和畜禽养殖场，取得了显著的经济效益和社会效益，受到了浙江省、宁波市领导的充分肯定和农民群众的普遍欢迎。目前，余姚已成为我国南方喷滴灌面积最大、效益最好的（市）之一。为进一步提高经济型喷滴灌技术的推广应用水平，使更多的农户受益，制订出台计划很有必要。会议要求，要进一步加大农业基础设施投入，加强农业生产基地建设，加快农村土地承包权有序流转和土地集中经营，为经济型喷滴灌技术的推广应用创造有利条件。

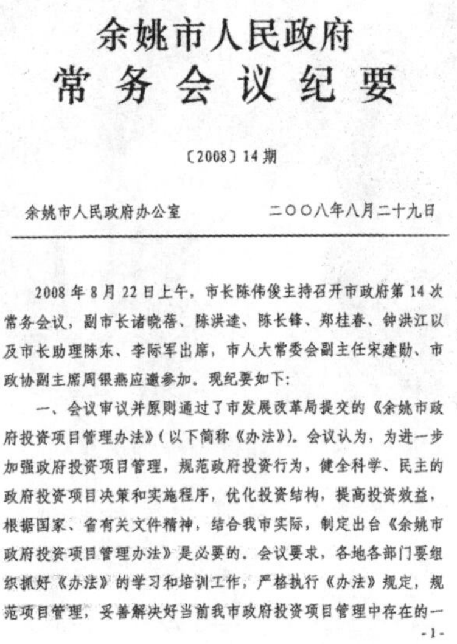

余姚市人民政府
常 务 会 议 纪 要

〔2008〕14 期

余姚市人民政府办公室　　二〇〇八年八月二十九日

2008 年 8 月 22 日上午，市长陈伟俊主持召开市政府第 14 次常务会议，副市长诸晓蓓、陈洪達、陈长锋、郑桂春、钟洪江以及市长助理陈东、李际军出席，市人大常委会副主任宋建勋、市政协副主席周银燕应邀参加。现纪要如下：

一、会议审议并原则通过了市发展改革局提交的《余姚市政府投资项目管理办法》（以下简称《办法》）。会议认为，为进一步加强政府投资项目管理，规范政府投资行为，健全科学、民主的政府投资项目决策和实施程序，优化投资结构，提高投资效益，根据国家、省有关文件精神，结合我市实际，制定出台《余姚市政府投资项目管理办法》是必要的。会议要求，各地各部门要组织抓好《办法》的学习和培训工作，严格执行《办法》规定，规范项目管理，妥善解决好当前我市政府投资项目管理中存在的一

- 1 -

图 2-5　余姚市人民政府常务会议纪要

四、全省推广现场会在余姚召开

2008 年 11 月 28—29 日，浙江省水利厅在余姚召开全省经济型喷滴灌现场会（见图 2-6），讨论和学习《浙江省喷微灌技术示范和推广工作指导意见》。该意见于同年 12 月 18 日由水利厅正式发文，是全省推广经济型喷滴灌技术的指导性文件。

2009 年 4 月 28—29 日，茅临生副省长在余姚主持召开全省设施农业现场会（见图 2-7），省、市农业、水利、林业、科技、财政等部门负责人，89 个县（市、区）分管农业的领导共 200 余人参加。茅临生副省长在主旨报告中指出：“今天看了现场、听了介绍，余姚提供了很好的经验，看了听了都很感动……各县还应该到余姚来学习，余姚则要为全省推广搞好服务。”

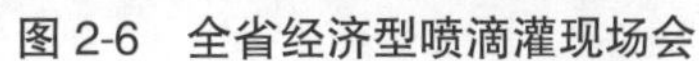

图 2-7　全省设施农业现场会

五、省政府办公厅发出关于大力发展设施农业的意见

2009 年 9 月 13 日，浙江省政府办公厅印发《关于大力发展设施农业的意见》（见图 2-8），明确发展设施农业的重点为蔬菜、茶叶、果品、竹笋、花卉、苗木、蚕桑、食用菌、中药材料等九类作物的喷滴灌设施。

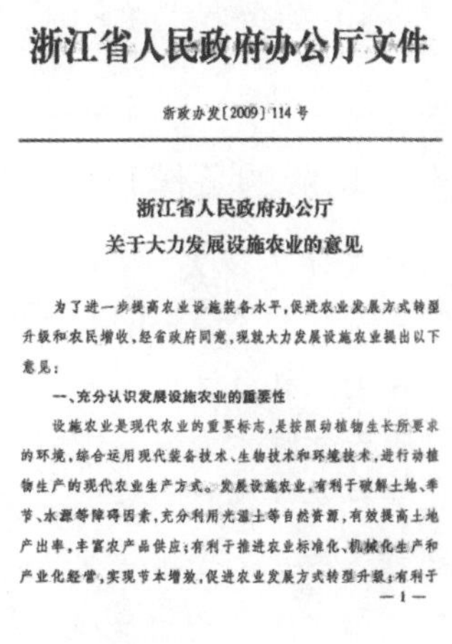

浙江省人民政府办公厅文件

浙政办发〔2009〕114 号

浙江省人民政府办公厅
关于大力发展设施农业的意见

为了进一步提高农业设施装备水平，促进农业发展方式转型升级和农民增收，经省政府同意，现就大力发展设施农业提出以下意见：

一、充分认识发展设施农业的重要性

设施农业是现代农业的重要标志，是按照动植物生长所要求的环境，综合运用现代装备技术、生物技术和环境技术，进行动植物生产的现代农业生产方式。发展设施农业，有利于破解土地、季节、水源等障碍因素，充分利用光温土等自然资源，有效提高土地产出率，丰富农产品供应；有利于推进农业标准化、机械化生产和产业化经营，实现节本增效，促进农业发展方式转型升级；有利于

—1—

图 2-8　省政府办公厅文件

六、举办培训班 35 期

浙江省水利厅、宁波市农科院等部门、单位共举办培训班 35 期，其中省水利厅 24 期，宁波市农科院 4 期，浙江同济科技职业学院 3 期，水利部所属单位 2 期，象山县水利设计院和余姚市第二职业学校各 1 期。对 4 682 名省、市、县、乡（镇）四级水利工程师、农技人员、农业大户进行经济型喷滴灌技术培训，全省每个县、每个乡镇都有经过培训的学员（见表 2-1）。

表 2-1　经济型喷滴灌技术培训班统计

年份	举办单位	培训地点	培训对象	期数	人数
2008	省水利厅	杭州戴斯大酒店	省、市、县水利设计工程师	1	132
2009	省水利厅	省水利水电干校	乡镇水利员	6	979
2010	省水利厅	省水利水电干校	乡镇水利员	6	1 062
	宁波市农科院	鄞州区党校	舟山市农技人员	1	82
	宁波市农科院	鄞州区党校	宁波市农业大户	1	64
	浙江同济科技职业学院	本校	水利系学生	1	93

续表 2-1

年份	举办单位	培训地点	培训对象	期数	人数
2011	省水利厅	省水利水电干校	乡镇水利员	5	805
2012	省水利厅	省水利水电干校	乡镇水利员	3	386
	浙江同济科技职业学院	本校	水利系学生	1	180
	宁波市农科院	鄞州区党校	全省农技人员	1	40
	水利部信息中心	北京	全国水利工程师	1	148
2013	省水利厅	省水利水电干校	乡镇水利员	3	380
	水利部教学工会	省水利水电干校	甘肃省乡镇水利员	1	66
	宁波市农科院	鄞州区党校	全省农技人员	1	54
	浙江同济科技职业学院	本校	水利系学生	1	87
	余姚市第二职业学校	本校	园艺系学生	1	96
	象山县水利设计院	本院	水利设计工程师	1	28
合 计				35	4682

七、出版的著作和发表的论文

出版著作 2 本。

笔者撰写的《经济型喷微灌》（见图 2-9）2009 年 11 月由中国水利水电出版社出版，读者对象为水利设计工程师。

副省长茅临生为该书作序：

水是生命之源，水利是农业的命脉。喷微灌技术是水利建设的重要内容，也是现代农业的重要标志。综观世界上一些农业发达国家，都广泛地应用喷微灌技术，以色列更是运用喷微灌技术创造了沙漠农业的奇迹。

图 2-9　《经济型喷微灌》

浙江省水资源总量虽然比较丰富，但人均水资源量低于全国平均水平，水资源的空间分布与耕地面积、人口分布以及经济发展状况等生产力布局不匹配，发展节水型农业是大势所趋。同时，浙江省低丘缓坡资源丰富，主要制约因素是缺水。解决有效灌溉问题可以说是浙江省现代农业建设的一项重要任务。

喷微灌技术的发展有效突破了地形、水系等制约，使因缺水而不能发展农业生产的田地变成了生态优良的农业产区，拓宽了农业发展空间。同时，应用喷微灌技术，可以有效提高水、肥料、农药等的利用率，提高农业标准化生产水平和农产品品质，降低人工等生产成本，实现了农业节本增效，也促进了节水型社会建设，一举多得。

以奕永庆同志为代表的余姚市水利干部紧密结合实际，紧跟国际国内先进技术，在10多年潜心研究、实践探索的基础上，编写了《经济型喷微灌》一书。该书立足实践，通俗易懂，不少成果已被广泛应用。希望此书的出版发行，能为各地推广应用喷微灌技术，发展现代农业起到积极的促进作用。（2009年10月）

武汉大学教授、中国工程院院士茆智为该书作序：

奕永庆同志的新作《经济型喷微灌》问世了，可庆可贺！

从21世纪初以来，作者潜心研究降低喷微灌工程造价的问题。他应用创新思维，针对喷微灌系统规划、设计、施工和运行管理各个环节，提出符合实用且费用低廉要求的理论与技术，特别是提出经过精准分析计算确定经济、合理管材，管径与管壁厚度的方法。这些理论与技术的应用，使喷微灌工程造价降低50%以上，终于形成了“经济型喷微灌”的设计理论和设计模式。

作者可贵之处还在于：开拓了新的应用领域，不仅把喷灌应用到竹山、杨梅、板栗、红枫、果桑、樱桃种植上，而且把微喷灌用于畜禽养殖场降温和防疫，这是国内外首创。多年的实际应用表明，其经济效益、生态效益十分显著。

从使读者在实际工作中切实得到帮助出发，本书在内容上颇有新意：为使设计者随时考虑工程造价，书中对绝大部分喷微灌材料、设备都提供了市场参考价；喷微灌的对象是作物，只有了解对象，才能实现科学灌溉，书中专设一章介绍主要经济作物的需水特性；结合施肥是喷微灌的重要功能，书中专设一章“灌溉施肥”等，这些必将受到读者的欢迎。

作为他的研究生导师，我为他取得的成绩而欣慰，故乐作此序。（2009年9月20日）

《经济型喷微灌》一书2010年入选国家“农家书屋”目录，2011年重印2次，印数共达2.4万册，进入我国水利图书最高发行量行列。

2011年9月，笔者的新作《经济型喷滴灌技术100问》（见图2-10）由浙江科学技术出版社出版，读者对象为农技人员、农业大户和农村干部。

时已调任浙江省委常委、宣传部长的茅临生对这本书的出版作批示：

浙江省农业面临劳动力成本高、水资源时空分布不均衡、农产品转型升级品质提升的问题。推广喷滴灌是有效解决上述问题的重要切入点。目前，国际引进是一条路子，能拓宽我们的视野，但如何降低成本，让农民群众很快掌握，余姚在多年实践中已走出一条成功路子，并已在全省开始推广。奕永庆同志在丰富的实践经验基础上编写的《经济型喷滴灌技术100问》，是站在农民角度想问题，能引导和辅导农民使用经济型喷滴灌的好教材，必将起到加快推广喷滴的作用。请省出版集团及科技出版社给予关注，请水利厅、农业厅对该书出版和推广工作给予支持，让更多农民和基层农技人员知道并用好这本书。另外，建议将一批能够咨询解答农民问题的水利农技专家的姓名、电话号码印在书内，便于农民阅读时咨询。（2010 年 8 月 31 日）

茅临生同志批示见图 2-11。

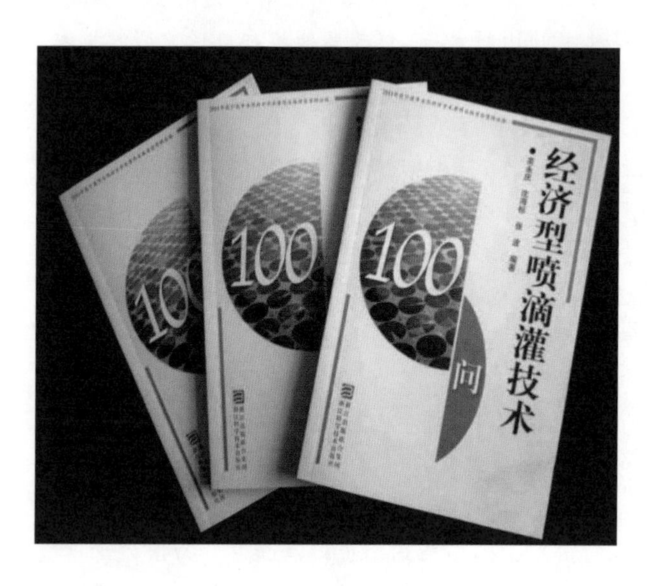

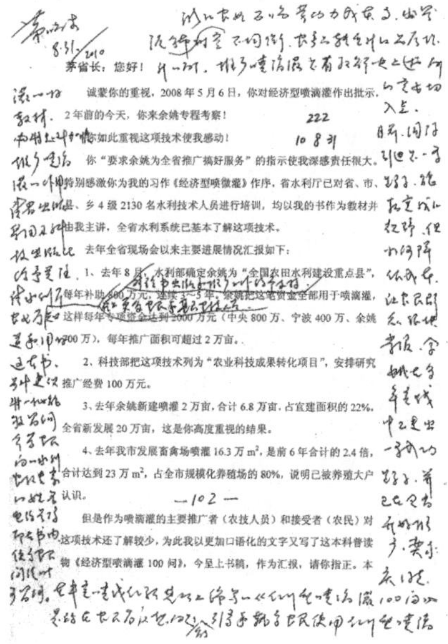

茅省长：您好！

诚蒙你的重视，2008 年 5 月 6 日，你对经济型喷滴灌作出批示。2 年前的今天，你来余姚专程考察！你如此重视这项技术使我感动！

你“要求余姚为全省推广搞好服务”的指示使我深感责任很大。特别感激你为我的习作《经济型喷微灌》作序，省水利厅已对省、市、县、乡 4 级 2130 名水利技术人员进行培训，均以我的书作为教材并由我主讲，全省水利系统已基本了解这项技术。

去年全省现场会以来主要进展情况汇报如下：

1、去年 8 月，水利部确定余姚为“全国农田水利建设重点县”，每年补助 800 万元，连续 3～5 年，余姚把这笔资金全部用于喷滴灌，这样每年专项资金达到 2000 万元（中央 800 万、宁波 400 万、余姚 800 万），每年推广面积可超过 2 万亩。

2、科技部把这项技术列为“农业科技成果转化项目”，安排研究推广经费 100 万元。

3、去年余姚新建喷灌 2 万亩，合计 6.8 万亩，占宜建面积的 22%。全省新发展 20 万亩，这是你高度重视的结果。

4、去年我市发展畜禽场喷灌 16.3 万 m^2，是前 6 年合计的 2.4 倍，合计达到 23 万 m^2，占全市规模化养殖场的 80%，说明已被养殖大户认识。

—102—

但是作为喷滴灌的主要推广者（农技人员）和接受者（农民）对这项技术还了解较少，为此我以更加口语化的文字又写了这本科普读物《经济型喷滴灌 100 问》，今呈上书稿，作为汇报，请你指正。本

图 2-10　《经济型喷滴灌技术 100 问》　　　　图 2-11　茅临生同志批示

《经济型喷滴灌技术 100 问》被浙江科学技术出版社列入 2011 年重点出版书。

茅临生同志还为该书作序：

余姚市通过技术创新，使喷滴灌设备及其安装成本大幅度降低，并大面积应用于经济作物栽培和畜禽养殖中，帮助农民取得了显著的经济效益，同时在节水、减污等方面也产生了巨大的社会效益。近几年“余姚经验”已在全省开始逐步推广。

该书从农民需要出发，用通俗的文字诠释复杂的喷滴灌技术，用朴素的语言介绍丰硕的喷滴灌效益，深入浅出而又不乏形象生动……本书的出版将起到加快推广喷滴灌技术的作用。希望有关部门对本项先进技术的推广应用给予支持，让更多农民、基层农技人员和农村干部了解并用好这本书，为农业生产的转型升级做出贡献。

这两书均作为浙江省水利工程师的培训教材。

发表论文 5 篇。

笔者在 2004—2011 年共发表经济型喷滴灌技术论文 5 篇（见表 2-2）。其中《经济

型喷滴灌技术研究》一文被2005年9月在北京举行的第19届国际灌溉排水大会录用，并被安排在大会上宣读。理论从实践来，这些论文题目似乎类同，但随着实践的深化、推广面积的扩大、经验的积累，理论却日臻丰富。

表2-2　经济型喷滴灌论文一览

题　目	发表刊物或会议	等级	发表时间
《经济型喷滴灌技术》	《节水灌溉》	国家级	2004年11月
《经济型喷滴灌技术在余姚的应用》	《浙江水利科技》	省级	2005年7月
《经济型喷滴灌研究》	第19届国际灌溉排水大会	国际级	2005年9月
《经济型喷滴灌设计和推广》	《中国农村水利水电》	国家级	2009年11月
《经济型喷滴灌效益调查》	《浙江水利科技》	省级	2011年9月

八、接待领导、专家、同行、学生参观153批

从2001年以来先后接待前来参观、考察经济型喷滴灌技术的领导、专家、同行、水利系大学生共153批、2 500人次（见表2-3）。其中，越南专家1批6人，我国台湾同行1批32人，水利部专家15批75人，河海大学、武汉大学等专家教授、省外专家13批52人，河海大学和浙江同济科技职业学院学生929人。其余为本省领导、同行等，如省政府各部门及参加现场会的市县代表260人，省水利厅现场会2次140人，宁波市现场会4次210人，2008年相邻的慈溪市水利局由局领导带队共来4批64人次，同属宁波市的象山县由副县长带队来56人，2009年属杭州市的临安市党政代表团共来35人。

表2-3　参观考察经济型喷滴灌人数统计

年份	批	人数	年份	批	人数
2001	8	120	2008	29	691
2002	6	67	2009	23	605
2003	5	17	2010	13	234
2004	14	138	2011	13	141
2005	10	65	2012	6	30
2006	11	237	2013	6	45
2007	9	110	合计	153	2 500

九、列为国家农业科技成果转化项目

由余姚市、宁波市科学技术局推荐，经济型喷滴灌技术被国家科学技术部、财政部列为2009年度农业科技成果转化资金项目（见图2-12），获得中央资金50万元，宁波、

余姚财政分别配套30万元、20万元。这100万元转化资金既是对这项技术的肯定，更是为这项技术的推广提供了充裕的工作经费，使我们切身感受到政府对农业科技成果转化的重视。

项目执行期间（2009—2011年）新建喷滴灌6万亩，是余姚喷滴灌发展史上的一个高峰。该项目于2012年1月7日通过由水利厅、浙江大学等单位组成的专家组（名单见图2-13）验收，其中验收评审意见如下：

“经济型喷滴灌技术，使工程材料消耗、能源消耗及造价大幅度降低，突破了喷滴灌技术推广的‘瓶颈’，适用于在平原、山区大面积应用。项目前期研究成果经省水利厅组织王浩、茆智院士等专家对该技术的鉴定，已作出具国际领先水平的结论（浙水科鉴字〔2008〕第012号）。在本项目执行期，又进一步丰富和充实了该项技术的内涵，拓展了应用领域，提升了推广的价值。为了借鉴该成果，2011年浙江省委、省政府作出了在全省开展‘百万亩喷微灌工程’的决定。”

科学技术部财政部文件

国科发农〔2009〕511号

关于2009年度农业科技成果转化资金项目立项的通知

各省、自治区、直辖市及计划单列市科技厅（委、局）、财政厅（局），新疆生产建设兵团科技局、财务局，国务院有关部委科技（教）司，各有关单位：

依据《农业科技成果转化资金管理暂行办法》（国科办财字[2001]417号）和《2009年度农业科技成果转化资金项目指南》(国科办农字[2009]25号)，2009年度农业科技成果转化资金项目的评审、立项工作已顺利完成。根据专家评审意见，现确认交互式三维可视化农村科技推广培训系列软件产品等554个农业科技成果转化资金支持项目，予以立项。

请各地方、各部门及有关单位科技主管部门接到通知后，抓紧组织项目承担单位与科技部签订项目合同，并切实加强管理，做好相关工作，保证项目顺利实施。

科学技术部　财政部

二00九年九月四日

图2-12　科学技术部财政部文件

表七 农业科技成果转化资金项目验收专家组名单

2012 年 1 月 7 日

姓名	工作单位	职称/职务	联系电话	签名
蒋　屏	浙江省水利厅	处长		[illegible]
郭宗楼	浙江大学	博导		[illegible]
吕晓男	浙江省农科院	主任		[illegible]
朱晓莉	宁波市水利局	总工		[illegible]
林方存	宁波市水利局	处长		[illegible]
王毓洪	宁波市农科院	所长		[illegible]
张建苗	宁波市财政局	高级会计师		[illegible]

图2-13　农业科技成果转化项目验收专家组名单

同年2月，中国工程院茆智、王浩、康绍忠院士，中国科学院刘昌明院士分别对这项成果作出评审意见，现摘录如下。

（1）中国工程院院士、武汉大学教授茆智评审意见（见图2-14）：

“本项目……特别是在不影响喷滴灌性能的条件下，降低造价50%以上，对于喷滴灌的推广应用，有极重要现实价值，对于降低喷滴灌成本与能耗，亦有理论意义。”

“从实践上表明，在我国南方应用经济型喷滴灌技术，仍可取得显著的经济效益、生态效益、社会效益，在我国南方推广应用经济型喷滴灌技术大有可为，这在观念上与技术上，均是创新。”

“在国内外率先将微喷灌十分成功地应用于畜禽场。在干热天气时，起降温、增加空气湿度和消毒等作用，又避免用空调等带来的不利影响，不仅促进鸡、兔、猪的生长，提高产量、质量，减少鸡、兔、猪的死亡率，并且提高兔的受孕、繁殖率和鸡的产蛋率，为喷滴灌的综合利用，探索了一个新方向。”

“总之,本项目在开发示范与推广应用喷滴灌技术在总体上达到国际先进水平,其中,对微喷灌在畜禽场的应用方面居国际领先地位。”（2012 年 2 月 1 日）

（2）中国工程院院士、中国水科院水资源所所长王浩评审意见（见图 2-15）：

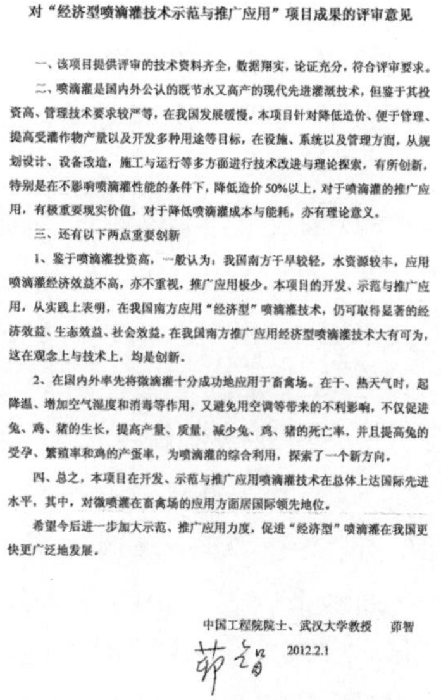

对“经济型喷滴灌技术示范与推广应用”项目成果的评审意见

一、该项目提供评审的技术资料齐全，数据翔实，论证充分，符合评审要求。

二、喷滴灌是国内外公认的既节水又高产的现代先进灌溉技术，但鉴于其投资高、管理技术要求较严等，在我国发展缓慢。本项目针对降低造价、便于管理、提高受灌作物产量以及开发多种用途等目标，在设施、系统以及管理方面，从规划设计、设备改造，施工与运行等多方面进行技术改进与理论探索，有所创新，特别是在不影响喷滴灌性能的条件下，降低造价 50%以上，对于喷滴灌的推广应用，有极重要现实价值，对于降低喷滴灌成本与能耗，亦有理论意义。

三、还有以下两点重要创新

1、鉴于喷滴灌投资高，一般认为：我国南方干旱较轻，水资源较丰，应用喷滴灌经济效益不高，亦不重视，推广应用极少。本项目的开发、示范与推广应用，从实践上表明，在我国南方应用“经济型”喷滴灌技术，仍可取得显著的经济效益、生态效益、社会效益，在我国南方推广应用经济型喷滴灌技术大有可为，这在观念上与技术上，均是创新。

2、在国内外率先将微滴灌十分成功地应用于畜禽场。在干、热天气时，起降温、增加空气湿度和消毒等作用，又避免用空调等带来的不利影响，不仅促进兔、鸡、猪的生长，提高产量、质量，减少兔、鸡、猪的死亡率，并且提高兔的受孕、繁殖率和鸡的产蛋率，为喷滴灌的综合利用，探索了一个新方向。

四、总之，本项目在开发、示范与推广应用喷滴灌技术在总体上达国际先进水平，其中，对微喷灌在畜禽场的应用方面居国际领先地位。

希望今后进一步加大示范、推广应用力度，促进“经济型”喷滴灌在我国更快更广泛地发展。

中国工程院院士、武汉大学教授　茆智

2012.2.1

图 2-14　茆智院士评审意见

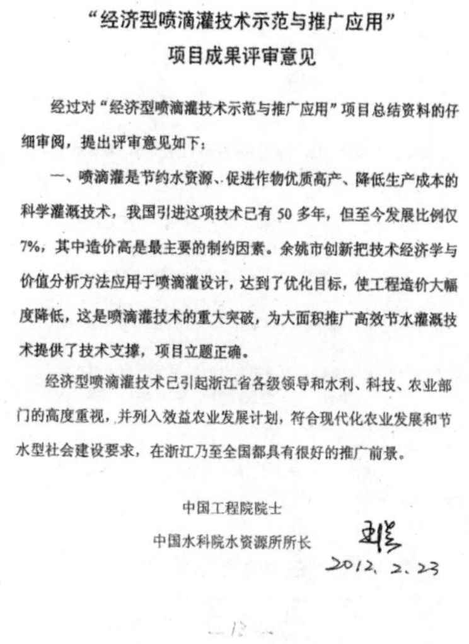

“经济型喷滴灌技术示范与推广应用”

项目成果评审意见

经过对“经济型喷滴灌技术示范与推广应用”项目总结资料的仔细审阅，提出评审意见如下：

一、喷滴灌是节约水资源、促进作物优质高产、降低生产成本的科学灌溉技术，我国引进这项技术已有 50 多年，但至今发展比例仅 7%，其中造价高是最主要的制约因素。余姚市创新把技术经济学与价值分析方法应用于喷滴灌设计，达到了优化目标，使工程造价大幅度降低，这是喷滴灌技术的重大突破，为大面积推广高效节水灌溉技术提供了技术支撑，项目立题正确。

经济型喷滴灌技术已引起浙江省各级领导和水利、科技、农业部门的高度重视，并列入效益农业发展计划，符合现代化农业发展和节水型社会建设要求，在浙江乃至全国都具有很好的推广前景。

中国工程院院士

中国水科院水资源所所长

2012. 2. 23

图 2-15　王浩院士评审意见

“余姚市创新把技术经济学与价值分析方法应用于喷滴灌设计，达到了优化目标，使工程造价大幅度降低，这是喷滴灌技术的重大突破，为大面积推广高效节水灌溉技术提供了技术支撑，项目立题正确。”

“项目组创新提出了经济型喷滴灌设计理论和设计方法,如‘灌溉单元小型化’等‘十化’‘允许管道水力损失’新概念及参数计算方式，促进了喷滴灌技术的进步。”

“项目组创新系统阐述了在南方发展喷滴灌技术的必要性，即喷滴灌所具有的‘及时性、适应性、节水性、节制性、节本性’分别应对我国南方、北方都存在的降雨不均、地面不平、水量不够、灌水太多、劳力成本太高等，丰富了节水灌溉理论。”

“项目组创新把喷灌应用于杨梅、茶叶、樱桃、果桑等作物除霜防冻、冲洗沙尘；把微灌应用于畜禽养殖场降温和防疫；还把喷灌应用到鱼塘增氧,扩大了喷滴灌应用领域,使喷滴成为完整（包括种植、养殖业）意义上的现代农业新设施,拓展了设施农业的内涵。”

“综上所述，经济型喷滴灌技术已处于国际领先水平。”

“项目组创新思路，跨专业研究需水特性，根据灌溉对象设计喷滴灌设施，又根据设施特性指导作物灌溉，实现了水利技术与栽培技术的有机结合，充分发挥了喷滴灌设施的效益。”（2012 年 2 月 23 日）

（3）中国工程院院士、中国农业大学中国农业水问题研究中心主任康绍忠评审意见（见图 2-16）：

“我国引进喷滴灌技术已有 50 多年历史，但至今发展比例较低，造价高是最主要的制约因素。该项成果把技术经济学与价值分析方法应用于喷滴灌设计，大幅度降低了工程造价，为大面积推广高效节水灌溉技术提供了技术支撑，项目选题正确。”

“项目理论与技术成果丰富，获发明专利 3 件、实用新型专利 1 件，出版专著 2 本，发表论文多篇。经济型喷滴灌技术 2009 年列入国家‘农业科技成果转化项目’，已在余姚、宁波、浙江全省大面积推广，产生了较大的经济效益和社会效益。”

“综上所述，该项成果在理论和方法以及应用模式上均富有创新、示范推广面积大、效益显著，总体居于国际先进水平。”（2012 年 2 月 26 日）

“经济型喷滴灌技术示范与推广应用”
项目成果评审意见

经过对“经济型喷滴灌技术示范与推广应用”项目总结报告和相关材料的审阅，提出如下评审意见：

1、我国引进喷滴灌技术已有 50 多年历史，但至今发展比例较低，造价高是最主要的制约因素。该项成果把技术经济学与价值分析方法应用于喷滴灌设计，大幅度降低了工程造价，为大面积推广高效节水灌溉技术提供了技术支撑，项目选题正确。

2、项目组提供的技术资料完整、内容丰富、数据翔实，符合评审的要求。

3、该成果提出了经济型喷滴灌设计理论和设计方法，如“灌溉单元小型化”等“十化”，“允许管道水力损失”新概念及参数计算公式，促进了喷滴灌技术的进步。

4、创新性地把喷灌应用于杨梅、茶叶、樱桃、果桑等作物除霜防冻、冲洗沙尘；把微喷灌应用于畜禽养殖场降温和防疫；还把喷灌应用到鱼塘增氧，扩大了喷滴灌应用领域，使喷滴灌成为包括种植和养殖业的现代农业新设施。

5、实现了水利技术与栽培技术的有机结合，充分发挥了喷滴灌设施的效益。

6、项目理论与技术成果丰富，获发明专利 3 件、实用新型专利 1 件，出版专著 2 本，发表论文多篇。经济型喷滴灌技术 2009 年列入国家“农业科技成果转化项目”，已在余姚、宁波、浙江全省大面积推广，产生了较大的经济效益和社会效益。

综上所述，该项成果在理论和方法以及应用模式上均富有创新，示范推广面积大、效益显著，总体居于国际先进水平。

中国农业大学中国农业水问题研究中心主任、教授

2012. 2. 26

图 2-16　康绍忠院士评审意见

（4）中国科学院院士、中国科学院水资源研究中心主任刘昌明评审意见（见图 2-17）：

“我国由于受季风气候影响，降水年内分配不均，干旱季节与年份变化大，实行有效、经济灌溉意义重大，是保障农作物收成和安全的必要措施。余姚市农村水利管理处从 2000 年开始，开展经济型喷滴灌技术的研发，历时 10 多年在该科技工作中从事了全面系统性的长期性研究与应用开发，取得了一系列喷滴灌科技成果转化的成果，进展明显，其经济型喷滴灌技术包括多项技术革新，如实现喷滴灌的管道水力学技术设计（包括允许水头损失）新概念，耐久性水带材料，滴灌薄壁化、节约钢材的塑料喷头（喷头塑料化）、微喷水带化等多个经济型喷滴灌技术的开发，以及结合有效施肥的喷滴灌新方法与适合山区地形的喷滴灌新技术，发展了施肥简约化，特别是开拓了微灌水源的雨水资源化，在国际雨水利用领域颇具新意。”

对国家农业科技成果转化资金项目
《经济型喷滴灌技术示范与推广应用》的评审意见：

我国由于受季风气候影响，降水年内分配不均，干旱季节与年份变化大，实行有效、经济灌溉意义重大，是保障农作物收成和安全的必要措施。余姚市农村水利管理处从 2000 年开始，开展经济型喷滴灌技术的研发，历时 10 多年在该科技工作中从事了全面系统性的长期性研究与应用开发，取得了一系列喷滴灌科技成果转化的成果，进展明显，其经济型喷滴灌技术包括多项技术革新，如实现喷滴灌的管道水力学技术设计（包括“允许水头损失”新概念）、耐久性水带材料、滴灌薄壁化、节约钢材的塑料喷头（喷头塑料化）、微喷水带化等多个经济型喷滴灌技术的开发，以及结合有效施肥的喷滴灌新方法与适合山区地形的喷滴灌新技术，发展了施肥简约化，特别是开拓了微灌水源的雨水资源化，在国际雨水利用领域颇具新意。

余姚市农村水利管理处奕永庆等提出的《经济型喷滴灌技术示范与推广应用》成果，对我国经济型喷滴灌技术发展不论在应用和在理论方面的研究均作出了重要贡献，体现了创造学与技术经济即优化设计的集成，对推动我国喷滴灌技术又好又快发展以及保障国家农业生产与粮食安全具有重大作用，与国内外同类科技研发相比，该成果在降低喷滴灌成本、经济高效、应用简约化以及雨水资源化等多个技术开发与示范工程方面居于国际领先行列。

刘昌明

刘昌明（院士）
中国科学院水资源研究中心
北京师范大学水科学研究院

2012 年 3 月 2 日

图 2-17　刘昌明院士评审意见

“余姚市农村水利管理处奕永庆等提出的《经济型喷滴灌技术示范与推广应用》成果，对我国经济型喷滴灌技术发展不论在应用和理论方面的研究均作出了重要贡献。体现了创造学与技术经济及优化设计的集成。对推动我国喷滴灌技术又好又快发展以及保障国家农业生产与粮食安全具有重大作用，与国内外同类科技研发相比，该成果在降低喷滴灌成本、经济高效、应用简约化以及雨水资源化等多个技术开发与示范工程方面居于国际领先行列。”（2012 年 3 月 2 日）

十、获发明专利 4 项

经济型喷滴灌技术在 2003—2011 年获得 5 项专利，其中发明专利 4 项、实用新型专利 1 项（见表 2-4、图 2-18）。

表 2-4　经济型喷滴灌技术汇总表

名　称	类别	授权时间	专利号
喷灌用万向接口阀	实用新型	2003 年 1 月	ZL 02216502.9
微灌用微滤与消毒方法	发明	2011 年 4 月	ZL 2009 1 0096425.6
鱼塘喷灌增氧装置	发明	2011 年 1 月	ZL 2009 1 0095854.1
畜禽养殖场给排水系统	发明	2011 年 10 月	ZL 2008 1 0060847.3
农田喷药、施肥系统的喷药、施肥方法	发明	2012 年 5 月	ZL 2010 1 0134267.1

发明专利证书

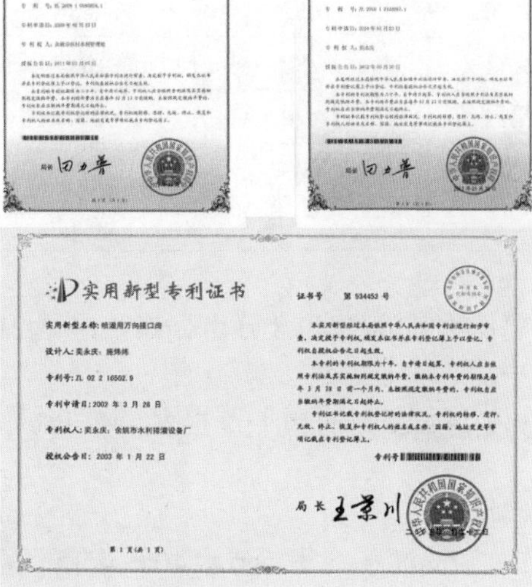
实用新型专利证书

实用新型名称：喷灌用万向接口阀

设计人：奕永庆；施炜纬

专利号：ZL 02 2 16502.9

专利申请日：2002 年 3 月 26 日

专利权人：奕永庆；余姚市水利排灌设备厂

授权公告日：2003 年 1 月 22 日

证书号　第 534453 号

本实用新型经过本局依照中华人民共和国专利法进行初步审查，决定授予专利权，颁发本证书并在专利登记簿上予以登记。专利权自授权公告之日起生效。

本专利的专利权期限为十年，自申请日起算。专利权人应当依照专利法及其实施细则规定缴纳年费。缴纳本专利年费的期限是每年 3 月 26 日前一个月内。未按照规定缴纳年费的，专利权自应当缴纳年费期满之日起终止。

专利证书记载专利权登记时的法律状况。专利权的转移、质押、无效、终止、恢复和专利权人的姓名或名称、国籍、地址变更等事项记载在专利登记簿上。

专利号

局长 王景川

第 1 页（共 1 页）

图 2-18　发明专利、实用新型专利证书

第三节　推广效益

一、推广面积

截至 2013 年年底，余姚市喷滴灌面积达到 12.8 万亩，占适建面积的 41%，是我国南方喷滴灌面积最大县，累计应用 66.6 万亩，同时发展畜禽场微喷灌 36.5 万 m^2，累计应用 163.5 万 m^2（见表 2-5）。

表 2-5　余姚市经济型喷滴灌发展面积

序号	年份	种植业（万亩）		养殖业（万 m^2）	
		新　建	累计应用	新　建	累计应用
1	2000	0.052			
2	2001	0.036	0.088		
3	2002	0.066	0.15		
4	2003	0.506	0.66	0.42	0.41
5	2004	0.658	1.32	1.52	1.93
6	2005	0.774	2.09	0.45	2.38
7	2006	0.314	2.41	1.1	3.48
8	2007	1.302	3.71	1.6	5.08
9	2008	1.096	4.80	1.7	6.78
10	2009	2.008	6.81	16.34	23.1
11	2010	2.052	8.86	2.72	25.8
12	2011	1.788	10.65	2.0	27.8
13	2012	1.120	11.8	2.8	30.0
14	2013	1.009	12.8	5.84	35.84
合　计		12.781	66.148	36.49	163.5

宁波全市建作物喷滴灌 42.8 万亩，累计应用 215 万亩；畜禽场微喷灌 76.5 万 m^2，累计应用 310 万 m^2。

浙江全省共发展喷滴灌面积 110 万亩，累计应用 391 万亩，畜禽场没有统计。

二、节水效益

经调查，作物喷滴灌平均每亩节水 100 m^3/ 亩，畜禽场微喷灌平均节水 1 m^3/m^2，余姚、宁波、全省累计分别节水 0.69 亿 m^3、2.18 亿 m^3、3.94 亿 m^3（见表 2-6）。

表 2-6　喷滴灌节水效益汇总

范围	种植业		养殖业		合计节水（亿 m³）	节肥（万 t）
	累计面积（万亩）	节水（亿 m³）	累计面积（万 m²）	节水（亿 m³）		
余姚市	66.6	0.67	163.5	0.016	0.69	1.67
宁波全市	215	2.15	310	0.031	2.18	5.4
浙江全省	391	3.91	310	0.031	3.94	9.8

三、经济效益

据对 9 种作物增收节本效益调查，并采用加权平均法计算得出喷滴灌亩均效益为 1 480 元，乘以推广系数 60% 得出面上平均效益为 896 元 / 亩，采用同样方法得畜禽场微喷效益为 20 元 /m^2。据此得出余姚市、宁波市、浙江全省累计经济效益分别为 6.3 亿元、19.9 亿元、35.7 亿元（见表 2-7）。

表 2-7　喷滴灌经济效益汇总

范围	种植业		养殖业		合计（亿元）
	累计面积（万亩）	增收（亿元）	累计面积（万亩）	增收（亿元）	
余姚市	66.6	5.97	163.5	0.33	6.3
宁波全市	215	19.26	310	0.62	19.88
浙江全省	391	35.03	310	0.62	35.65

四、减排效益

喷滴灌结合施肥，减少了化肥浪费，提高了肥料利用率，以平均每亩少用化肥 25 kg 计，余姚、宁波、浙江全省分别节省化肥 1.67 万 t、5.4 万 t、9.8 万 t，不但节约了生产成本，而且减少了农业面源污染，对保护水环境具有重要意义。

五、典型效益调查

笔者已调查效益 80 例，现择近期 12 例于后。

实例 1　蔬菜喷灌“比天下雨好”

余姚市康绿蔬菜合作社，承包经营土地近千亩，一年种三茬蔬菜，2007 年安装喷灌，其中 60 亩为固定喷灌，造价 600 元 / 亩；其他为半固定微喷水带，造价约 500 元 / 亩，负责人秦伟杰有 20 多年种菜经验，对喷灌的好处总结了四条：“一是灌水质量好，比天下雨好，更比人工浇灌好，表土不板结，菜来（长）势快，质量好；二是劳力省，几年前每亩 200 多元，现在可省，每亩 300 多元；三是用水省，每次灌水 5 ~ 7 m^3/ 亩，不到沟灌的 1/3；四是经济效益好，每年总要遇到干旱，喷灌收入增加 1 000 多元 / 亩，有时甚至 2 000 多元 / 亩，反正只要碰上一次干旱，喷灌的成本就收回了。”

合作社 2009 年建了 20 亩大棚，安装了微喷灌设备，成本 4.5 元 /m^2，用于培育菜秧，平均每天喷水 3 ~ 4 次，不仅节省了劳力，而且秧苗成活率高，每年育 5 ~ 6 茬，经济效益更可观。2012 年大棚面积扩大到 80 亩，2013 年供秧面积达到 2.8 万亩，总收入近 1 000 万元，保守估算赢利 200 万元，每亩分别达到 12 万元、2.4 万元。秦伟杰自豪地说：“这就是效益农业，如果没有喷灌我最多只能搞 10 亩大棚，因为劳力请不到，搞现代农业一定要用喷灌。”

图 2-19 蔬菜大棚微喷灌

蔬菜大棚微喷灌见图 2-19。

实例 2 “想种出高质量的葡萄一定要用滴灌”

干焕宜，有 35 年葡萄栽培经历，是余姚首席葡萄专家（见图 2-20），人称葡萄“状元”。现种有大棚葡萄 30 亩，2003 年安装膜下滴灌设施，造价 580 元 / 亩，政府补 50%。现把对他的效益调查记述如下。

“我的最大体会是：想种出高质量的葡萄一定要用滴灌，我常给来参观的同行讲，这是葡萄产业的必由之路，花这点钞票是值的。”

首先是品质提高。现在葡萄高产容易实现，反而要控制，也搞“计划生育”，主要追求品质，关键是把水控制好。新疆葡萄为什么质量好？就是因为那里雨少。南方葡萄为什么病多。正是由于雨多或灌水太多。滴灌就能把水控制住，避免灌水太多。品质好表现在三方面：一是糖度提高，沟灌葡萄糖度在 10 ~ 12 度，滴灌葡萄达到 15 度以上；二是裂果减少，沟灌使土壤“大干大湿”，造成葡萄裂果，滴灌是缓慢灌水，能减少裂果；三是药残很少，滴灌仅使土壤湿润，棚内小气候干燥，葡萄发病大大减轻，用药减少

图 2-20 干焕宜（左）陪同省市领导调研葡萄滴灌

三分之二还不止，果实的农药残留也少，成了真正的绿色食品，上等果率从60%提高到80%，相应果品价格从4元/kg提高到10元/kg，由此可增加净收入2 400元/亩。

其次是降低成本。防病次数从5～6次减少到1～2次，以平均减少3次计，节省农药及劳力成本210元/亩；可节省灌水及表土破板结劳力成本112元/亩；结合施肥还可节省化肥及劳力成本172元/亩。

以上各方面合计每亩增收节本共2 894元/亩。我的亩产值已达到1.6万元，其中滴灌的贡献占18%。

实例3　草莓滴灌"每亩增产500斤是保守的"

蒋伟立，余姚市绿州果蔬农庄负责人(见图2-21)，种草莓有14年历史，现种有大棚草莓22亩，2009年开始用膜下微喷水带代替滴灌，并采用全移动式，亩投资不足300元。下面是调查记录：

"草莓滴灌次数与天气关系很大，9月上旬刚种下时温度高、蒸发量大，开始时每天灌，后来2～3天灌1次，这20多天要灌10多次，从10月到下年4月灌3～5次，总共大约灌15次，包括1～2次施肥带进，每次灌水时间20～25分钟。

图2-21　蒋伟立展示草莓

对灌水我有些经验积累，9月主要有两个任务，一是保证刚移栽的苗成活，二是预防碳蛆病的发生，都需要控水控温，如水太多、地太烂，就为发病提供了条件。只要湿度和温度控制好，即使发病了也能够自动修复。草莓后续生长期也有两个任务，一是控病，二是控制生长，就是把握营养生长和生殖生长的平衡点，如果生长太旺，影响花芽分化，或只开花不结果，这就要用滴灌调节水分、肥料和温度，实现'促'或'控'的目的。

用了滴灌，每亩增产500 kg是保守的，其实还不止，我采摘时很有体会，用滴灌的草莓个大，每个大1 mm就不得了！同样的两行草莓，用滴灌的摘10 m就满一篮，而没用滴灌的要摘13 m才满一篮，增产20%还多。现在我的亩产量在2 500～3 000 kg。

草莓价格从每斤22元到每斤15元，以平均10元/斤保守价计算，每亩增加产值就是5 000元，这产值就是净利润。还有节省劳力，本来施肥需在地膜上破孔，用小勺子一勺一勺地浇，每亩每次起码1个工，现在滴灌水肥同灌，1亩地半个小时就完成，既快又好，用滴灌比人工浇水每亩地可省12个工，节省劳力成本1 200元/亩，增产节本两者合计亩效益6 200元。我现在亩产值达到4万元左右，这滴灌增收15%肯定有的。"

实例 4　“大棚育秧（水稻）一定要用喷灌”

余姚市芝丰农机合作社，有3个育秧大户，共有水稻育秧大棚（见图2-22）40个，合计1.8万m^2(27亩)，2012年3月在棚内安装微喷灌，以下是笔者在同年5月3日对合作社社长张顺泉的调查记录。

“我是3月底4月初开始用喷灌的，当时时间很急，装好就用。气温高时每天喷3～7次，阴天也要2～3次，早稻育秧期25～30天，总共喷约140次，每次喷5～6 min，一湿就好。我们用的是塑料秧盘，本来采用沟灌，灌水太多，秧盘随水漂流，棚内乱套了。田里水太多，还造成烂根、秧苗质量差。喷灌的好处一是用水少，秧苗根系发达，出苗整齐、质量好，苗好三分收嘛，为水稻高产打好基础。二是省工，我的5亩地每天可以省1个灌水工，一季育秧期节省28工，现在每工是120元（还是60～70岁的老年人，多是血压高，有风险），每亩节省劳力成本670元。这种工厂化育秧，省工省事，农民很欢迎，我们单季晚稻、双季晚稻都要育，一年育三茬，每亩大棚可节省劳力成本2000元左右，而且秧苗质量好，大棚育秧一定要用喷灌。”

图 2-22　水稻育秧大棚微喷灌

实例 5　“如果没有喷灌阿拉早已推过了”

余姚市德氏茶场建于2000年，当时面积仅40亩，2001年安装半固定喷灌，总投资1.48万元，亩造价370元，其中水利局补助一套12马力（1马力=735.499 W）的移动喷灌机组。“如果没有喷灌阿拉早已推过了”，这是2004年作者去该茶场调查时女主人王荣芬说的话，其中“推过”（宁波方言）二字，用“亏本”、“遭灾”、“完了”解释都确切，但至今还找不到更确切的词“翻译”，真可谓“可以心会、难以口传”。

2005年该茶场新承包茶园500亩，其中“乌牛早”、白茶和自己开发的“黄金芽”品种各占1/3。2008年安装固定喷灌，每年3—4月用于除霜防冻，8—9月用于防旱，全年喷20多次。总结多年喷灌的效益，王荣芬说：“每亩增产1.5 kg干茶是肯定有的。”该场生产的都是高档精品茶，其中绿茶（乌牛早）平均售价2 000元/kg，以净利1 200元/kg计，增收1 800元/亩；白茶均价3 000元/kg，净利2 000元/kg，增收3000元/亩；该场独有的“黄金芽”售价8 000元/kg，净利6 000元/kg，则增收9 000元/亩。2013年7—8月余姚遇上了历史上罕见的高温干旱，该茶场近300亩茶园因水源断流受损，但另200余亩以仅有的水源喷灌（见图2-23），王荣芬说：“减灾增收效益有70多万元，每亩3 000多元。”

2011年3月，该场为20亩苗圃搭大棚、建微喷，当年喷水50多次，效益可观。一是节省劳力成本，每亩节省浇水劳力75工，以每工70元计，节省5 250元/亩。二是提高成活率，茶苗基数为16.5万株/亩，使用微喷后成活率从45%上升到80%，提高35个百分点，多成活5.8万株/亩，以茶苗售价1.75元/株计，增收效益达到10.1万元/亩，这是笔者所调查到的亩增收最高的喷灌效益。2013年大旱期间，大棚苗圃得到正常灌溉，棚内一片碧绿。王荣芬说：“对茶苗没有一点影响，价格也没有跌，这个效益还是有的。”

图2-23　茶叶喷灌

实例6　“杨梅用不用喷灌完全不一样”

吴银贵，一个普通农民，2001年承包本村近百亩缓坡山地，种上杨梅、梨树、油桃、大雪枣，建成了“花果山”（见图2-24）。2005年安装喷灌设施，亩成本约700元，每年多次使用，成了他的“常规武器”。他介绍杨梅喷灌有三个好处：“一是果实大，水分足，吃起来爽口，特别是遇到‘空梅’（梅雨季节不下雨），本来会造成杨梅减产，有了喷灌这个‘人工降雨’，水一喷果实就大形（膨大），而且口感好；二是喷灌把果实上的灰尘冲洗干净，吃了放心；三是能淋洗沙尘，减少北方的沙尘暴带来的影响，沙尘带碱性，落到花上影响花蕾授粉，用喷灌淋洗可以把‘下黄沙’对杨梅的损失降低到最小。”

杨梅用不用喷灌完全不一样，喷灌的杨梅坐果多，产量高，果品优质率高，价格提得上，收入可以提高20%，每亩净增收1 000元以上。

图2-24　吴银贵在他的“花果山”

实例7　“猪场喷灌政府没有补助也要装”

“猪场喷灌政府没有补助也要装”，这是余姚市康宏牧场总经理吴劲松多次重复的肺腑之言。这个猪场建于1997年，有猪舍1.45万m^2，年出栏商品猪1.2万头。吴劲松介绍说，养猪最怕两样东西，一是高温死亡，母猪抵抗力弱，容易死亡，小猪也容易死，我本来每年因天热死猪损失10多万元；二是防疫问题，近几年防疫可是养殖业的头等大事，投入劳力多，用药多，每头猪药费高达80元，成本很高，但风险仍很大。

2007年7月，笔者建议他安装微喷设施，他先试装了4幢猪舍，一用才知真的很好，职工纷纷向他要求“老板，介好的东西全场都应该装”，于是迅速普及到了全场，投资约7元/m^2。他总结：微喷灌具有减少死亡率、节省劳力、节省饲料、农药成本等效果，综合经济效益36元/m^2，全场年效益50多万元。

猪场装喷灌（见图2-25），吴劲松属于“第一个吃螃蟹的人”，又是本市养猪协会的负责人，2009年宁波市农业局在余姚召开“畜禽场喷淋降温消毒现场会”，他现身说法向余姚以及全宁波的同行介绍猪场喷灌的效益。2011—2012年，吴劲松扩建猪场2.5万m^2，同步安装了微喷设施以及雨水收集系统（作微灌水源）。现在余姚市36.5万m^2养殖业微喷面积中，猪场就达22万m^2，占60%，规模化猪场基本装上了微喷设施。

图2-25　猪场微喷灌

实例8　鸭场微喷“这个发明是我们的宝贝”

生长在杭州湾边的陈宝才、沈彩仙夫妇有15年养野鸭的经历，2005年创建余姚市海天野鸭场，2007年4月安装微喷设备，当时规模7 080 m^2，投资5.36万元，折合7.6元/m^2，当年就出效益，经7年使用他们对喷灌赞不绝口。

“最突出的好处是消毒。野鸭场3天需消1次毒，比其他畜禽场要求高。以前消1次毒要花2个劳力，因为消毒剂是一种氯基药物，对人体皮肤腐蚀性很大，职工不愿干这个活，高工资还得看面子，且往往漏喷，消毒质量不高。现在用微喷消毒，5分钟就喷完1个棚，4个棚不到半小时就完成，不必专门安排劳力，随便带进就可以，仅这一项每年可节省工资3万元，且对鸭子无应激反应，有利于正常生长。

微喷对降温也特别好。野鸭不怕冷，因为有一身绒毛保护，但很怕热，当时存栏1.5万只，最多时一天热死10～20只，整个夏季因热死亡400多只，损失4万多元。现在用井水喷雾降温，平均一天喷2~4次，最多时喷6次，喷10多分钟可以降5～6 ℃，加上热天节约饲料费，这个场当时年效益10多万元。2009年以后野鸭场先后扩建2万m^2，也都装上微喷设备，效益更可观。沈彩仙说，“你这个发明是为老百姓办实事，凡是有人来参观我总要介绍，这是我们的宝贝。近几年还在场内养了对虾，我已把喷水带用于水体施肥、消毒，你有大发明，我也有小发明。”说到这里她一脸自豪。

实例9　“羊场用喷灌确实好”

临山镇咩咩种羊场有羊舍4 900 m^2，饲料草地60余亩。2009年年底，在羊舍装上微喷灌设施，饲料草地装喷灌设施，造价分别为4元/m^2、613元/亩，总投资5.8万元。

主人宋苗新介绍说，羊场用喷灌确实好，羊舍微喷设备用于消毒，每周1次，有这样几点好处：“一是省工，以前用人工喷雾器消毒2个人要整整1天，现在只需要10分钟，1年可节省104个工，以最低劳力价格80元/工计算可节省劳力成本8 320元；二是喷药均匀、无遗漏；三是‘润物细无声’，对羊生长没有干扰；四是气温高于35 ℃时用于降温，每次半小时，一天喷4～6次，避免种羊群因天热影响生长，还防止部分老年羊因天热而死亡。

饲料地本来只能割3茬，用了喷灌以后能割4茬，多割1茬，亩产量8 500 kg，增加产值1 360元/亩。”

实例10　石蛙微喷灌“节水是最大效益”

余姚市陆埠镇石蛙养殖场位于山区，大棚面积2 500 m^2，年出售商品蛙7 000多只，种蛙2 000多对，2012年9月安装微喷设施，并从1 000多米外引来清泉作为水源。

石蛙喜欢清凉，当气温超过32 ℃时胃口差，诱发热疮、炎症，石蛙生长就慢。微喷的第一个作用是降温，主人鲁爱玉高兴地说：“有了喷灌降温就没有这个心事了！”

蛙类动物靠皮肤呼吸，所以皮肤一定要湿润，且水中溶氧要高，本来要靠长流水维持湿润和溶氧，现在用微喷灌——“毛毛细雨”湿润和增氧，真是恰到好处。

石蛙特别爱清洁，当地农民有句笑话“石蛙要的水是可以做酒的水”，但夏天干旱时山区溪道泉流日益变细、用水紧张，用了微喷灌就避免了用长流水，一个喷头可以管4个养殖池，代替了4根水管，且是间隙喷水，用水量仅为原来的1/10。主人说：“对我来说节水是最大效益，现在够用了，2013年我又扩建了3 500 m^2。”

2013年7—8月高温干旱期间，每次喷10分钟、停15分钟，间隙喷水，棚内温度从31 ℃下降到26 ℃，一片清凉，石蛙生长健康，抵抗力强。10月初“菲特”台风暴雨引起山洪暴发，洪水冲进养殖池，但石蛙没有发病，挺过了难关。

实例 11 鹅场喷灌“每羽能多卖 13.5 元”

朗霞街道白鹅养殖场，有鹅舍 5 幢 4 000 m^2、饲料草地 180 亩，年出售商品鹅 6 万羽。2009 年鹅舍安装微喷设施，成本 10 元 /m^2，草地装喷灌设施，造价 700 元 / 亩。

鹅舍微喷，常年用于消毒，7 ~ 10 天 1 次，全年约 45 次，每次 10 分钟左右，每天喷 1 ~ 2 个小时，7—8 月中大多数日子要降温，估计 40 天左右。

主人张生根介绍说：“用喷灌降温以后，人家每羽只能养 3.5 kg，我能养 4 kg 多，而且质量好，价格平均能提高 1 元 /kg，每羽能多卖 13.5 元，夏天这批鹅 1 万羽，增加净收入 13.5 万元。饲料草地喷灌也用得很多，主要用于喷沼液。黑麦草要割 5 ~ 6 茬，每茬收割后都喷施 1 次沼液，沼液肥好，草长得像韭菜那样嫩，叶边宽、产量高且质量好，最重要的是变废为宝，实现了循环农业。”

实例 12 蚯蚓场微喷灌“效果很好”

位于余姚市滨海开发区的宁波市环邦生物有限公司，现有蚯蚓养殖场 20 亩，以生物废弃物为饲料，饲养“太平二号”蚯蚓，成品用作动物蛋白饲料、制药原料和垂钓饵料，蚯蚓排泄物是优质有机肥，可用于花卉、果园等，这是最典型的生物环保企业。

蚯蚓喜欢湿润的土壤环境，“浇水”是蚯蚓养殖的重要工作。该场于 2012 年底装上喷水带，实现水带微喷灌。经过一年的实际使用，总经理陈盛国介绍说：“效果很好，第一是节省浇水劳力，全年省 140 工，节约成本 2.1 万元；第二是增加收入，充分湿润的土壤环境促使蚯蚓生长快，产量高。目前亩产值达到 2.4 万元，其中由于喷灌增加 25%，即每亩净增收入 6 000 元，全年增收 12 万元，公司计划 2014 年把蚯蚓养殖场规模再扩大 20 亩。”

第四节 余姚“体会”

一、不断创新，提高效益

根据农业生产的需求不断创新，通过技术创新，降低了成本，为这项技术大范围推广创造了条件。通过应用创新，使喷滴灌效益最大化，使喷滴灌这项新技术在更大范围内转化为生产力。把喷滴灌的用途从灌水防旱扩大到施肥喷药、除霜防冻、淋洗沙尘；从经济作物扩大到水稻育秧，提高了秧苗质量，成为保障粮食安全的新举措；把微喷灌从种植业拓展到养殖业，又从喷雾降温延伸到喷药防疫，喷灌设备使用时间从每年 2 个半月延长到 12 个月，还拓展到鱼塘、石蛙场节水和增氧，且使喷滴灌成为包括养殖业在内的现代农业新的基础设施。

二、政府重视，加大投入

余姚市政府认为，经济型喷微灌是一项潜力很大的节水技术，是创新强市在农业领域的生动体现，是惠农强农的有效载体。在当前水资源短缺问题日益突出的新形势下，大面积推广经济型喷滴灌，不仅可以节约水资源，缓解缺水矛盾，而且可以增加农民收入。市政府还认为，喷微灌属于农田水利基本设施，资金投入应以政府为主导。

2008 年 10 月初，国庆节后上班第一天，市政府召开全市喷滴灌工作会议，把计划分解落实到各乡镇。会议要求：经济型喷滴灌是直接促进农业增效、农民增收的实事工程，是加快现代农业发展的“加速器”，各乡镇、街道要按照规划、确定专人，积极稳妥地将喷滴灌实施计划落实到村、分解到户。各相关部门也要加强配合、形成合力，确保全市喷滴灌面积推广任务圆满完成。

2009—2010 年，余姚财政专项资金从 100 万元提高到 500 万元，余姚、宁波市以及中央喷滴灌专项资金每年在 1 800 万元以上，对农户的补助平均超过 75%，为这项技术的推广提供了资金保证。

三、部门协作，形成合力

由于从农民的应用中看到了实际效果，市有关部门领导、专家都对喷滴灌技术推广给予积极配合、热情支持。市财政局认为“经济型喷滴灌是把一元钱当两元钱用”，将喷滴灌资金优先列入计划，并且及时拨付到村；市农林局不但积极向农民介绍喷滴灌的好处，而且还指导农民针对不同作物的需水和需肥特性，进行“水肥一体化”灌溉；市发展改革局从发展循环农业高度积极支持采用喷灌喷施沼液；市农办在农业综合开发项目中主动安排喷滴灌水源工程；市科技局把这项技术向科技部推荐为“国家农业科技成果转化项目”，争取了科技转化资金 100 万元；市科协把这项技术列为省、市“金桥工程”；《余姚日报》、余姚电视台、余姚电台三家主要媒体都对经济型喷滴灌技术做了大量专项的宣传报道，余姚电视台免费播放经济型喷滴灌宣教片长达半年之久。

第三章　农业节水·推广水稻薄露灌溉技术

第一节　技术选定

20世纪90年代初，水利工作者较早意识到缺水已从“威胁”逐渐变成现实，当时农业用水占全社会总用水量的70%以上，而水稻用水又占农业用水的70%以上，即水稻用水占总用水的50%还多，并逐渐形成这样的思路：缺水从节水抓起，节水从农业抓起，农业节水从水稻抓起。

1991年，笔者从刚结束的全国农田水利新技术研讨会资料中，发现河海大学彭世彰教授的论文《水稻控制灌溉技术》，文中介绍采用这项技术节省水量52%，提高产量14%，还提高了米质……

仅改变灌水方法，不增加生产成本，却能节省电费，还可以节水增产，这不是“第一生产力”的典型技术吗？余姚当时有40多万亩水稻，推广这项技术可以产生巨大的节水效益和增产效益，于是笔者从报刊广泛收集水稻节水灌溉资料，主要有：

（1）浙江：水稻薄露灌溉技术；

（2）河海大学：水稻控制灌溉技术；

（3）广西：薄、浅、湿、晒水稻灌溉技术；

（4）江苏：深、浅、晒、间、湿水稻灌溉技术；

（5）黑龙江：浅晒、浅湿水稻灌溉方法；

（6）湖南：水稻控水灌水技术；

（7）辽宁：水稻浅湿灌溉技术；

（8）江西：水稻间隙灌溉法；

（9）美国：水稻间隙灌水方法；

（10）日本：原正市灌水技术。

其中，在省科技情报所查阅了近10年的《国外农业》，有关水稻节水灌溉的论文只查到了美国和日本的两篇，而且它的试验还不如我国的精细。笔者与农技人员共同分析，认为各种方法虽然名称各异、节水程度不一，但本质上是相同的。本省的“薄露灌溉”技术可操作性较好，又因地制宜，所以决定选用这一技术，也算是“近水楼台先得月”吧。

后来把薄露灌溉通俗地表述为："每次灌水尽量薄，半寸左右'瓜皮水'，灌水以后要露田，田面细裂再灌水。雨露淹水超5天，必须开缺排田水。"最简单的表述就是："灌薄水、常露田！"

第二节　市水利局召开动员会

1993年初，农灌电价从0.12元/kWh提高到0.23元/kWh，粮食价格从1元/kg上涨到1.4元/kg，同时收到省水利厅决定在全省推广水稻薄露灌溉技术的通知，我们意识到推广水稻节水增产技术的时机到了，决定首先在严重缺水的余姚西北地区试验示范。

5月7日，余姚市水利局在临山镇召开水稻薄露灌溉技术推广动员会，平原稻区镇的水利、农技站站长及临山镇各村村主任参加会议。会上，市科委一位农艺师在发言中指出："薄露灌溉技术完全符合水稻的生长规律，是水稻栽培技术的一个重大突破。"为这项技术的推广一锤定音！水利局局长何宝牛在会上强调："这项技术表面上看是'懒惰'技术，但是'懒惰'的背后往往是科学的进步！"

会后各镇积极行动，当年落实早稻薄露灌溉8 600多亩。

第三节　市科委组织验收

1993年7月28日，市科委组织农业专家到低塘、临山镇示范田（早稻）测定产量，结果在每亩分别节水59 m^3和89 m^3的前提下分别增产61 kg和65 kg。测产过程中对增产幅度很大有些不放心，又进行了第二次取样，结果证明，产量确实那么高。

还有个小插曲：测产那天上午，当农艺师们来到临山镇湖堤村示范田时，不巧稻子已经割倒，难以测产，农业局总农艺师让农户主人潘张海谈谈示范效果，老潘扳着手指说："第一是省水，我比对照田少灌4次水，而且每次都灌得很浅；第二是产量高，刚才割稻的亲戚还问我，'怎么两块田的稻头有轻重？'第三是根系发达……"

"你怎么知道根系发达呢？"总农艺师听到这里禁不住问，老潘满有把握地说："我在田边掘沟时，锹插下去'沙沙'的声音比较响，手也感觉得出……"总农艺师听到这里高兴地对摄像记者说："好哇，这是老农民介绍薄露灌溉的优点，这个镜头太珍贵了！"

第四节　市农经委召开推广工作会议

1993年8月14日，即刚完成全市晚稻插种任务，市农经委在低塘镇召开薄露灌溉推广会议，平原稻区分管农业的副镇长，农技、水利人员，市农经委、水利局、农业局、科委、科协、教委等部门领导出席。会上，低塘、临山镇领导分别介绍示范效果。水利员出身的低塘镇副镇长说：“我们农民原来也有对比田，靠近河边的田产量高，这是因为水漏得出，经常露田，而畈心田产量低，就是由于水排不出、长期淹水。”

作者在会上介绍了鲁迅先生有关余姚缺水的一篇杂文《不知肉味和不知水味》。1934年8月30日《申报》报道上海举行孔子诞生纪念会，演奏当年孔子听得“三个月不知肉味”的“韶乐”；同日《中华日报》上却是一则余姚朗霞镇因争水而死人的报道。鲁迅先生读后奋笔疾书、愤怒痛斥：“闻韶，是一个世界，口渴，是一个世界。食肉而不知味是一个世界，口渴而争水，又是一个世界。自然，这中间大有君子小人之分，但‘非小人，无以养君子’，到底还不可以任凭他们互相打死、渴死的。”

“听说阿拉伯有些地方，水已经是宝贝，为了喝水，要用血去换。但余姚的实例却未免有点怕人……”

远在上海的鲁迅先生关心余姚人的缺水，使参加会议的同志感到很亲切，有同志开玩笑说，余姚原属绍兴府，余姚人与鲁迅先生是“同乡人”。我重提这篇杂文的目的是证明余姚缺水的历史性和节水的必要性。

会上，市农经委把晚稻推广任务3.2万亩分解到各镇，由于干部和技术人员积极性很高，那年晚稻实际推广面积达到5万余亩，用省水利厅领导的话说是：“余姚推广速度在全省一马当先！”

第五节　像宣传计划生育那样宣传节水灌溉

有位哲人说过：“回顾人类文明史，任何超越人类认识常规的伟大发明和发现，总需要给人们一个逐渐认识、逐渐理解、逐渐接受的过程。”推广薄露灌溉技术，要改变农民长期以来形成的“水稻水稻、靠水养牢”的观念，除搞示范田“做出样子”外，还需要科普宣传，“磨破嘴皮子”，让更多的人理解。

1994年上半年，笔者以《少灌百方水，多打一担粮》为题到各乡镇作科普讲座。

“水稻喜水又怕水，作物需水是靠根系吸收的，水稻根部长期浸在水中，不但没有必要，而且是有害的。早在20世纪70年代我省著名劳动模范胡香泉同志就总结出：‘水稻水稻，以水养稻，灌水到老，病虫到脑，烂田割稻，谷多米少。’正如人需要水，是靠嘴巴喝进去的，把两只脚长期浸在水中是没有用的，反而会得湿气病。”

“人需要吸入氧气，呼出二氧化碳，如蒙被子睡觉，氧气不足，对健康不利。同样，作物根系也需要吸入氧气，放出二氧化碳，如田间长期淹水，土壤缺少氧气，就会发生黑根、烂根。”

“一个人如胃有病，甚至切掉3/4，虽然还能活着，但不会健壮，作物如根系有病（白根是命根，黄根是病根，黑根已丧命），就会影响肥料和水分的吸收，造成倒伏减产。”

农民说，你这样讲，我们听得懂。

临山镇有位村干部说得更加传神：“我理解了，你说的是‘不白起（土壤不干燥发白）、少灭起（田面淹灭时间要少）。”

同时笔者拟写了通俗易懂的宣传标语，发至各乡镇要求宣传至各村，并且强调标语质量应像工业广告一样好：

“薄露灌溉好　省工省本产量高”

“薄灌好　不花钱　能增产”

“少灌百方水　多收一担粮”

“水稻要水又怕水　灌水太多反有害”

“水稻无须水中泡　干干湿湿反而好”

“薄露灌溉　减轻病情　缓和涝情”

这是学习广西的经验：“像宣传计划那样宣传科灌。”

同时在《余姚报》、《浙江日报》、《中国水利报》等媒体宣传（见表3-1）。

其中发表在《浙江日报》上的《少灌10亿方水，多产10亿斤粮》被水利部农水司和《中国水利》杂志评为优秀文章，至今还不知道是谁推荐的。

表3-1　水稻薄露灌溉科普文稿

题　目	宣传场合	宣传时间
少灌百方水　多收一担粮	各乡镇、宁波电台	1994年3—6月
薄露灌溉为什么能增产	《余姚报》	1994年7月14日
薄露灌溉操作要点	《余姚报》	1994年7月19日
薄露灌溉推广前景	《余姚报》	1994年7月21日
少灌10亿方水，多产10亿斤粮	《浙江日报》	1994年7月13日
薄露灌溉节水增粮	《浙江科技报》	1994年8月20日
水稻薄露灌溉技术	《农民文摘》	1998年4月
水稻无水层灌溉技术	《浙江科技报》 《余姚日报》	1999年5月6日 1999年5月13日
	《中国水利报》 《农民日报》 《农民文摘》	1999年3月30日 1999年8月30日 2002年2月

第六节　宁波市水利局组织测产

1994 年 7 月 23 日，宁波市水利局邀请宁波市科委、农经委、农业局、农科院的 6 位专家到余姚测产，随机抽取低塘镇克山村示范田，严格按规范取样，经过仔细清点称重，反复核实，结果薄露灌溉每亩比对照节水 117 m^3、增产 85.6 kg，验收小组组长、宁波市水稻栽培的技术权威、高级农艺师、宁波市人大常委会委员郑重地签下名字“黄渭浩”。

现把验收意见摘要如下：

“验收小组详细听取了课题组的汇报，实地考察现场，并对低塘镇克山村典型对比田块进行考察测产。一致认为：薄露灌溉是一项节水、省本、高产、高效的技术，稻面生长清秀、穗大粒多，病害轻，增产显著，节水效果好。根据实地考察结果，薄露灌溉平均亩产 446.9 kg，比对照亩产 361.1 kg，亩增 85.8 kg，增 23.76%（附表）。而且每亩节省灌溉用水 117 m^3，按全市推广面积 18.4 万亩计算，可节省灌溉用水 2 152.8 万 m^3，经济效益、社会效益明显。”

不能不重提一笔的是，宁波市水利局领导对薄露灌溉技术的高度重视。1993 年 4 月 23 日，宁波市水利局召开技术培训会议，时任水利局局长的杨祖格在会上指出：推广薄露灌溉技术，是一项非工程性的节水措施，不需要花什么大钱，完全是一项费省效宏的措施，可操作性又强，农民容易掌握，如果推广 100 万亩，可以节约 1 亿 m^3 水，谁有那么大的本事，用其他简单的方法节约 1 亿 m^3？同时从水利要为发展“一优二高”农业服务的角度而言，这项技术的增产效益明显，还可以提高米质，因此要用战略的眼光看待这项技术的推广，我自告奋勇地担任这项技术推广领导小组的组长。

第七节　浙江省政府召开现场会

为部署全省大面积推广水稻薄露灌溉技术工作，1994 年 7 月 25—26 日，省政府在余姚召开推广工作现场会议。参加会议的代表有市（县）政府分管农业的领导，地、县水利局局长，省水利厅、省农业厅、省科委、省科协、省农科院、浙江农业大学、中国水稻所、省水科所以及主要新闻单位代表共计 140 余名。余姚市 18 个乡农业乡（镇）长及农口各局局长列席了会议。

会议由时任省人民政府副秘书长陈加元主持，副省长刘锡荣到会并讲话，刘锡容副省长和与会代表先后参观了低塘镇克山村示范田，宁波市、余姚市、平湖市、嵊县的代表在大会上交流了推广水稻薄露灌溉技术的做法、经验以及所取得的成绩。会议确定余姚、平湖等 20 个县（市）为推广示范县，三年目标推广面积达到 500 万亩，相应效益为年节水 5 亿 m^3，增产稻谷 3 亿 kg，降低农业成本 1 亿元左右。

一、刘锡荣副省长现场总结效益

刘锡荣副省长在时任水利厅厅长汪楞陪同下提前一天到达余姚，即到示范田现场考察（见图3-1），一到田头就指着其中一块说：“这块是薄露灌溉的，我一看就看出来了！”在听取镇长、村主任汇报后，他在现场就总结出薄露灌溉的效益有“四节两增”，即“节水、节电、节工、节本，增产、增收。”

图3-1 刘锡荣副省长考察薄露灌溉示范田

二、刘锡荣副省长作主旨讲话

刘锡容副省长代表省政府在大会上作主题报告一个多小时，现摘要如下。

同志们：

目前正值双夏大忙季节，请大家来开这个会议，说明会议的重要。这次会议是部署薄露灌溉技术的推广工作，这也是作为我们今年抓好双夏工作和晚稻生产的一个重要内容。这次会议开得非常及时、非常重要、非常适宜。大家都知道，宁波、余姚自从发现了河姆渡文化以后，把我们古老文化从五千年推进到七千年，推前了两千年，这说明我们中华民族不仅黄河流域是我们的摇篮，长江流域也是我们的摇篮，也是我们稻谷生产的发源地。七千年以前，我们祖先已经在这块土地上种植稻谷，我们后代在提高水稻生产技术上也是责无旁贷的，要承上启下，继往开来，要进步，要发展。水稻薄露灌溉这项技术经过我们有关部门的领导同志和科技人员、专家，以及各地市县党政领导的努力，多年的示范试点及推广试验表明，增产节水的效果非常明显，经济效益很好。刚才水利厅在会议上提出了一个推广计划，请大家来讨论，目的是进一步统一认识，明确任务。

今天我就讲两点：

第一，我省水利资源贫乏，粮食供销形势趋紧，因此大力推广水稻薄露灌溉技术显得更为重要和必要。

在依靠科技方面，这就大有文章。农业的每一次发展都离不开科技，就拿水稻生产来讲，自从推广矮秆、杂交、三熟以后，这三大改革对我们浙江省农业是三次大的飞跃，这都是靠科技，所以当前我们同样还是要靠科技，我觉得这个是当务之急，过去我们讲种田，“土、肥、水、种、密、保、管、工”农业生产的要领都要，全方位都要靠科技。我认为科学种田问题文章很深，今天提出水的问题，过去讲“多收少收在于肥，有收无收在于水”。水是农业的命脉，至关重要。这次会议推广的水稻薄露灌溉技术，是经过多年的试验应用，并经过省科委组织省内外的水利、农业及多方面的科研单位的专家鉴定的水稻高产技术。用这项技术不需要大量的资金收入，工作简单，能够提高水稻单位面积的产量，同时节水、节电、节工、节约成本，还间接地节约农药、化肥等，也就是说，起码是“四节两增”，这是非常好的。过去我们认为，水稻水稻，水越多越好，现在这个观念要打破，并不是水越多越好，科学灌水大有文章可做，薄露灌溉使土壤通气增氧，土地处于氧化状态，还原性的有毒物质明显减少，这有利于水稻的根系生长。适当的露田有利于根系的发育，有利于它的健康成长。根扎得深，对抗旱也有好处，这样能做到根深、叶茂、稻好。当然这里面我们要科学掌握，深灌、浅灌、露田这三者要结合好，如果需要保温、降温、防止病虫害、施肥，用水该深灌时还要深灌，所以“深、浅、露”三个字还要在实践中去掌握。希望大家在我们现有的科学成果的基础上进一步去实践。据水利部门测算，三年如果推广500万亩，可以增产粮食3亿kg，节水5亿m^3，效益是非常巨大的，因此我们要重视做好这项工作，我想这项技术会受到农民的欢迎。

推广节水灌溉技术，不仅可以使粮食增产，而且也是缓解我省用水紧张的一项措施。近几年我省社会经济迅速发展、工业生产和人民群众的需水迅速增长，不少地方供水趋于紧张，缺水的城镇日益增多，全省因为缺水而减少的工业年产值已达数十亿元。有的地方从农田灌溉的水库中过量地引水供应城镇，现在工农业用水争水的矛盾日益突出了，过去我们认为水是天上掉下来的，用之不竭，不以为然。我们国家虽然有黄河、长江和大的江河流域，但是我们国家还是一个缺水的国家。我们浙江省也是一个缺水的省份。现在很多城市的发展都受到水的制约。温州、宁波、金华等地吃水都很紧张，现在城镇的发展都受到水的制约。怎么办？解决这个矛盾无非是两条，一个是增加水源，开发水源；一个是节约用水。开发首先是要增建扩建水源工程，其次是技术改造科学管理工农业用水。浙江省水资源是缺的，开发利用的任务很重。浙江往往暴雨来了以后有一场洪水，洪水过后没几天就干旱了。水稻用水是全省的第一用水大户，如果我们三年内用科学的方法推广500万亩，就可以节约5亿m^3水，我们节约的一部分水可以支援工业生产、支援其他的农业生产，为发展我省的工农业生产以及改善一部分城镇居民的生活条件，要加速推广这项先进技术。

第二，各县市要加强领导，制订计划，落实措施，加速推广水稻薄露灌溉技术。

各地要从加强对农业领导的高度来看水稻薄露灌溉技术推广这个问题。我们领导不要简单化，要实施科学的领导，但对于怎么样能够把科学用在点子上，有的考虑不多。

科学种田，我认为我们领导是责无旁贷的，要加强，要把水稻薄露灌溉技术和当前即将推行的土地适度规模经营结合起来。我认为土地适度规模经营为我们推广水稻薄露灌溉技术奠定了一个很好的基础，创造了很好的条件，反过来我们搞好水稻薄露灌溉服务也是一个很好的改革，这两个是相辅相成的。

今年早稻薄露灌溉生产技术已经推广到50万亩，水利厅经过调查研究提出了三年的推广计划，即经过三年的努力，以出席这次会议的余姚、平湖等20个示范县带动省内其他县市，在全省再推广450万亩，至1997年全省推广面积达到500万亩，省人民政府原则同意这个计划，我们希望超额完成，提前完成。各级党委政府重视是农业技术推广成功的关键，省政府要求各示范县的党政领导，特别是分管领导同志，你们要亲自挂帅，建立推广的有关班子，组织协调有关部门，制订计划和相应的技术推广政策，做好组织、宣传、观摩、培训工作。省水利厅已成立了该项技术的推广领导小组，省农业厅、省科委等有关部门要积极地配合和支持，都应该拧成一股绳，把我们农业技术搞上去，共同来做好推广工作，对推广工作作出显著成绩的单位和个人要给予表彰和奖励。我们明年来总结，看哪些地方搞得好，来表彰和奖励，来进一步推广他们的经验。这项技术的推广涉及水利、农业、科技，各有关部门要统一思想，协同作战，宣传部门要加强宣传，省电影制片厂一定要把水稻薄露灌溉技术的电影拍好。现在我们是市场经济，群众很注意信息。我们如果只泡在会上，写在纸上是没有用的，一定要通过我们的新闻媒体如报纸、电台、电视，还有各种信息资料，传到农民手里，让他们尽快掌握，时间越快越好。我希望图解也好，片子也好，不要一条腿走路，要几条腿走路。现在报纸上可以先搞些报道，简明、通俗、易懂，让群众一看就知道，喜闻乐见，推广开来。作为电影厂，你们的任务很重，因为你们用这种形式拍出来比较严谨、比较科学，一定要把它们抓好。省政府希望全省各地各部门经过三年的努力，完成和超额完成这项推广的计划，为全省农业和国民经济的发展做出新的贡献。

全省薄露灌溉现场会会场见图3-2。

图3-2　全省薄露灌溉现场会会场

三、《浙江科技报》报道和评论员文章

1994年8月6日，《浙江科技报》在头版报道，标题醒目：**“刘锡荣副省长强调，要大力推广水稻薄露灌溉技术”**；表述准确：“水稻薄露灌溉的特点是，除水稻返青前外，大部分生产期采用薄层水灌溉，然后自然落干露田，直至田面将裂或细裂时再灌。比之习惯淹灌，既能减少稻田蒸发渗漏，又能改善水稻根系发育条件，从而达到节水增产的目的，这是水稻灌溉技术的一项重大突破。”

同时记者陈伟群还配发评论员文章《薄露灌溉等于造水库》，对浙江缺水的严峻形势，对农业节水重要意义的描述，语言清新，文字流畅，说出了水利工作者的心里话，有荡气回肠之感。

“水是一种宝贵的资料。水的宝贵在于它的不可替代性。近年来，由于缺水，我省有不少工厂停工、停产；由于缺水，有许多新的城镇建设、工业项目不能上马；也是由于缺水，今年还有相当部分晚稻秧插不下去。

有人认为，我省年年要‘抗洪’，水一定多得不得了。其实，我省是一个水资源较为贫乏的省份，全省水资源拥有量约为 937 亿 m^3，人均只有 2 200 m^3，还不到全国平均水平，而且其中可以利用的不到 20%。随着经济的快速发展，人民生活、工业生产用水大量增加，供水矛盾日趋突出。据初步估算，去年我省因缺水损失了六七十个亿，今年估计要损失一百个亿。水将是制约我省农业和国民经济发展的主要因素。

怎么办？一是开发水源，二是科学用水、节约用水。但“开源”并非易事，造水库需要投入巨大的资金，且建设周期长。因此，如何科学用水、节约用水是摆在我们面前的一个紧迫任务。农业用水占我省总用水量的 70% 以上，因此说农业节水显得更为重要。

前几年，我省各地已采取了不少农业节水措施，如推广防渗渠道、管道灌溉等，但这些是‘工程型’的节水措施，需要花大量资金，且节水效益最终还要归结到合理灌溉上。近几年来，我省部分县（市）相继推广应用水稻薄露灌溉技术，事实证明，这是一项行之有效的‘非工程型’节水新技术，既能节水，又能增产；既不需花大钱，又可立竿见影。因此，大面积推广水稻薄露灌溉技术，具有重大的意义。

据专家介绍，大面积推广薄露灌溉，每亩水稻提高产量 60 kg、节水 100 ~ 150 m^3 是完全可能实现的。那么如果全省推广 500 万亩，就可增产粮食 3 亿 kg，增加农民收入 3 亿多元。更为重要的是，每年可节水 5 亿 ~ 7.5 亿 m^3，相当于新建 5 个大型水库。这不仅可节省数十亿元投资，还可有力地缓解我省用水紧张的局面。节约下来的水，如果用于工业，可增加工业产值 30 亿元；如用于农业，可推广灌溉面积 70 余万亩。

我省有 2 000 多万亩水稻，还有其他农作物，农业节水是大有文章可做的。关键是要提高认识，水是一种有限的、不可替代的宝贵资源，工厂要节水，居民要节水，农民更要注意节水。”

第八节　论文和著作

1994—2012 年，作者先后发表水稻薄露灌溉论文 8 篇，其中 1 篇获国际会议优秀论文，1 篇获省水利厅优秀论文一等奖，多篇在 2009 年国际会议上宣读，见表 3-2。

表 3-2　水稻节水灌溉论文

序号	题　目	发表刊物或会议	级别	发表时间	备 注
1	水稻薄露灌溉节水增产效果及原因浅析	《浙江水利水电技术》	省级	1994 年 5 月	省自然科学论文三等奖
2	水稻薄露灌溉提高雨水利用率	第七届国际雨水利用大会	国际	1995 年 6 月	国际会议优秀论文
3	少灌百方水，多收百斤米	《喷灌技术》	全国	1995 年 10 月	全国喷灌协会优秀论文一等奖
4	水稻薄露灌溉技术推广	《浙江水利水电技术》	省级	1997 年 1 月	省水利厅论文一等奖
5	水稻薄露灌溉和无水层灌溉技术	国际水稻节水灌溉讨论会	国际	1999 年 10 月	编入论文集并在大会上宣读
6	节水灌溉的综合效益	《中国农村水利水电》	国家级	2002 年 9 月	
7	水稻无水层灌溉技术	《浙江水利水电技术》	省级	2004 年 11 月	
8	水稻无水层灌溉水分生产率分析	《浙江水利水电技术》	省级	2012 年 9 月	

关于节水灌溉可以优化米质的优点，1995 年初笔者请农业部稻米质量检测中心对薄露灌溉的米质作了检验，证明主要指标得到改善，特别是蛋白质含量提高 9.7%（见表 3-3），检验结果写入了表 3-2 的论文 4 及论文 6。

表 3-3　薄露灌溉米质检验结果

检验项目	标准米	薄 露	群 习	变化值	变化率（%）
糙米率	>79	81.16	78.2	+2.96	+3.8
精米率	>70	74.07	70.79	+3.28	+4.6
整精米率	>54	60.96	60.34	+0.62	+1.0
蛋白质含量	>7	11.3	10.3	+1.0	+9.7
赖氨酸含量		0.435	0.423	0.012	+2.8

2000 年，笔者又对无水层灌溉米质作了检验，结果也为米质呈优化趋势，特别是垩白率降低 19%。

1998 年，应河海大学彭世彰、俞双恩教授邀请，笔者参加水利部培训教材《水稻节水灌溉技术》一书编写，负责撰写“水稻薄露灌溉技术”一章，以及“水稻薄露灌溉技术推广”一节。2010—2011 年，又根据中国灌溉排水发展中心安排，参加《水稻节水灌溉技术》（见图 3-3）再版的编写工作，重新撰写“水稻薄露灌溉技术”一章及“浙江水稻薄露灌溉技术推广模式与应用”一节。

（a）1998 年版

（b）2012 年版

图 3-3 《水稻节水灌溉技术》

第九节　获得奖项

水稻薄露灌溉于 1994 年年底通过技术鉴定，此后获得多项科技奖（见表 3-4），其中 2006 年中国水稻所与余姚市联合，以“水稻好气灌溉技术研究与示范”为题申报，获得浙江省政府科技进步二等奖。

2005 年被全国人大常委会环资委、中国科学院、清华大学等单位专家评为“可持续发展在中国优秀案例”。此奖项由《经济观察报》和壳牌中国集团出资发起，在《人民日报》公开征集，从全国报名的 100 多项成果中遴选出 20 项，并到实地考察，最终评选出 10 项，这项成果名列第 4 位，时年 3 月 25 日在北京饭店颁奖，由白岩松主持颁奖仪式（见图 3-4）。

图 3-4　笔者（左）与白岩松合影

表 3-4　水稻薄露灌溉获奖情况

名　称	等级	颁奖单位	颁奖时间
宁波市科技进步奖	三	宁波市人民政府	1996 年 12 月
浙江省政府科技进步奖	三	浙江省人民政府	1996 年 12 月
余姚市科技进步奖	一	余姚市人民政府	1997 年 2 月
可持续发展在中国优秀案例		《经济观察报》和壳牌中国集团	2005 年 3 月
浙江省政府科技进步奖	二	浙江省人民政府	2006 年 10 月

2009 年 1 月，由王浩、茆智院士等参加的专家组在“节水型社会技术支撑体系研究”课题鉴定意见中，对水稻薄露灌溉技术作了很高评价：“水稻薄露灌溉技术和经济喷滴灌技术已处于国际领先水平。”

2013 年 8 月，由水利部推荐，水稻薄露灌溉和经济型喷滴灌技术获得**“国际灌排委员会节水技术奖”**。

第十节　推广应用效益

水稻薄露灌溉推广面积以 1997 年为最高，当年余姚达到 73.9 万亩（早加晚稻）、浙江全省达 500 万亩。此后随着农业种植结构的调整，水稻种植面积逐步缩减，薄露灌溉面积也相应减少，2002 年以后大致徘徊在峰值的 50% 左右。从 1993 年以来，余姚累计推广 934 万亩，共节水 5.79 亿 m^3，节电 4 110 万 kWh，增产稻谷 1.21 亿 kg，经济效益 6.83 亿元（见表 3-5）。

浙江全省累计推广 6 178 万亩，共节水 38.3 亿 m^3，节电 2.72 亿 kWh，增产稻谷 8.03 亿 kg，经济效益 45.6 亿元。水稻薄露灌溉技术改变了人们的观念，从“水稻水稻、靠水养牢”转变为“水稻不用水中泡，干干湿湿反而好”，这是历史性的进步。但由于节水是社会效益，增产的比较效益低，这项技术在实际操作中尚未严格到位，所以在计算大面积效益时，节水、节电、节工、增粮数量均按示范田效益的 1/3，每亩增收节水效益 73.1 元 / 亩，其中水费按向毗邻的上虞买河网水水价计算，稻谷按 2013 年政府收购价计，农民工工资按近年较低工资 80 元 / 日计（见表 3-6）。

表 3-5　薄露灌溉累计推广面积

年份	余姚市（万亩）	浙江全省（万亩）
1993	5.9	27
1994	30.4	160
1995	64.8	377
1996	71.3	470
1997	73.9	500
1998	72.8	493
1999	70.8	478
2000	61.0	412
2001	49.9	338
2002	31.2	211
2003	33.3	225
2004	36.2	245
2005	38.4	259
2006	36.8	247
2007	37.0	250
2008	35.0	236
2009—2013	37.0 × 5	250 × 5
合计	934	6 178

表 3-6　薄露灌溉亩效益计算

分项	数量	单价	效益（元 / 亩）
节水 (m^3/ 亩)	62	0.12 元 /m^3	7.44
节电 (kWh/ 亩)	4.4	0.48 元 /kWh	2.11
增粮 (kg/ 亩)	13	3.35 元 /kg	43.55
节工（工 / 亩）	0.25	80 元 / 工	20.0
合计			73.1

第十一节　余姚推广模式

余姚市从1993年开始推广水稻薄露灌溉技术，到1995年晚稻覆盖率达到90%以上，成为浙江省推广这项技术最好的县市，当时总结的经验有三条，称为“余姚推广模式”。

一、统一认识、部门协作是基础

通过宣传，余姚市有关领导、技术人员形成了这样的同识：薄露灌溉是解决余姚工农业用水矛盾的有效途径。

余姚缺水，人均水资源占有量1 330 m^3，仅是全省人均占有量的55%、世界人均占有量的13%。北部更缺，杭州湾南岸的临山、泗门一带人均仅520 m^3，比非洲的肯尼亚（720 m^3/人）还少。搞蓄水工程，需要巨大的资金投入，而且理想的坝址已很难找，缺水只有通过“节水”解决。农业是全社会用水的大户，节水只有抓住了农业才抓住了主要矛盾。水稻薄露灌溉技术是一项“非工程型”节水措施，只要政府花少量的推广经费，农民不需增加任何投入，“只要少灌点水”，每个农民都能掌握。全市40多万亩水稻，全面实施薄露灌溉，每年可节水4 000万 m^3，这是解决余姚缺水问题的一条捷径。

由于认识一致，因此水利、农业、科技、新闻等部门在推广中配合默契，在第一次推广会议上，市科委的一位农艺师就明确指出：“水稻要水又怕水，薄露灌溉技术完全符合水稻的生长规律，是水稻栽培技术的一个重大突破，应该大力推广。”这为全市推广工作定下了基调。1993年7月28日市科委组织农艺师到对比田测产，此后几位高级农艺师在各种场合介绍薄露灌溉的效益。市、乡镇每次推广会议均由各部门共同参加，并由水利局高级工程师、农业局高级农艺师分别讲课。每个乡镇的对比田均由水利、农技人员共同在田头调查分蘖动态，观察根系，考查病情，测定产量，计算水量，对薄露灌溉的效益有共同语言。各农技站长在水稻不同生育期，在有线广播中讲解技术要点。市委组织部和科协把这项技术列为农村党员和基层干部实用技术培训的内容之一。

二、广泛宣传、典型示范是关键

要改变干部、农民历史以来形成的“水稻水稻、靠水养牢”的观念，需要强有力的宣传，我们根据不同的宣传对象，写了大量的科普文章和科技报道。

市水利局高级工程师还到各乡镇去作深入浅出的科普报告，重点讲清“为什么少灌点水反而会增产”这个关键问题。

在讲到水稻根部需要氧气时作如下解释：

“过去我们只知道水稻需要水，但不知道根部还要有氧气，就像过去我们只知道“鱼儿离不开水”，而后来看到夏天精养鱼塘的鱼大量“浮头”，只要开动‘增氧机’，就可以救命，才知道鱼还需要氧气。根系与人一样也要呼吸，吸入氧气，排出二氧化碳气体，长期淹灌，水中氧气用完，就会积累有害气体，正如我们捂着被子睡觉，影响健康。”

在讲解“硫化氢”气体的毒性时还运用了“乡土教材”：

“以前我们在耘田时，常嗅到稻根部有一种臭鸡蛋气味，这种气味就是‘硫化氢’。1984年某天下午，杭州湾边一个农民的榨菜池里倒下了一个人，上边的人下去救也倒下了，一连倒下了6人，送到人民医院抢救，结果死了4人，救活2人，这是什么原因呢？当地相信迷信的人，则谣传‘有鬼’。几天后省劳动部门的鉴定结论出来，才知道‘鬼’原来竟是榨菜池里的咸卤水经太阳暴晒以后产生的大量硫化氢气体，这种气体的毒性可以想象了！这样的毒气聚在根部，怪不得要‘烂根’了。”

在讲解节水的原因之一“减少无效蒸腾”时，是这样比喻的：“蒸腾是作物必需的，正像一个人应该会出汗，但人出汗不是越多越好。同样道理，作物的蒸腾也不是越多越好，采用水稻节水灌溉方法，土壤适宜的含水量可减少水稻的无效蒸腾。”

这样讲课，农民爱听易懂。

1993年还拟了10句口号，如：

“薄露灌溉、解决旱情、减轻病情、缓和涝情”

“推广薄露灌溉，建立节水农业”

“农业节水潜力大，工业发展后劲足”

“科学灌溉，节水省电”

“合理灌水，减少污染”

“工业要节水，生活要节水，农业更要节水”

要求将口号发至各乡镇，安排专项补助资金，“大幅标语上墙”，并要求质量要同“广告标语”一样好（见图3-5）。各镇都在干部素质好、科技意识强的村设立对比田或示范田，对比为推广提供依据，示范为推广提供样板，以当地的“典型”让群众看见“实货”，使宣传更有说服力。临山镇两位社长自己带头搞示范田，除在本村现身说法外，还到其他乡镇讲自己的实践，效果特别好。朗霞镇一位农技员在自己田里搞示范，水稻长势明显好于周围稻田，邻里向他开玩笑说：“怎么你田里插了块牌（示范牌），稻就好了。”这些科普宣传推动了推广工作。

图3-5　薄露灌溉宣传标语

三、人员落实、经费落实是保证

余姚是全国水利科技服务体系建设示范县，已建立市水利技术推广中心和各乡镇水利技术推广站，各站把推广薄露灌溉技术作为本职工作，并落实事业心强、热心技术推广的技术人员具体负责。各乡镇建立领导小组和实施小组，分工明确，责任落实。

农民应用这项技术，不需增加任何成本，但政府推广这项技术需要工作经费，用于会议、资料、宣传、验收、培训、交通等费用。余姚市3年共投入推广经费近40万元，平均每亩1.02元，详见表3-7。

表3-7　薄露灌溉推广工作经费　（单位：万元）

年份	新推广面积（亩）	省水利厅	宁波市水利局	市政府	水利局	科委	农业局	乡镇	合计
1993	5.0		0.3	1.0	3.0			2.4	6.7
1994	11.8	2.0	3.0	6.0	3.0	0.3	0.3	6.0	20.6
1995	21.9		1.0	4.0	3.0			4.0	12.0
合计	38.7	2.0	4.3	11.0	9.0	0.3	0.3	12.4	39.3

第十二节　水稻无水层灌溉技术

水稻无水层灌溉技术，本质上是严格的薄露灌溉，即在秧苗返青后田面不保留水层，而是充分利用降雨和少量几次沟灌补充水量，使土壤保持70%～100%的田间持水量。采用这种方法在多雨的南方地区仅需灌水2～6次，能节约灌溉水量1/2～2/3，而且能使水稻增产。田面无水层而土壤有水分，能满足水稻生长需要。武汉大学教授茆智院士认为，“水稻需水不是田面一定要有水层，田面无水层并不是土壤无水分”，非常辩证地说明了水层与水分的关系。

从1998年以来，作者在余姚市河姆渡镇开展了生产性对比试验示范，分别采用无水层和薄露灌溉（见图3-6、图3-7），并与当地群习灌溉参照对比，结果如下。

图3-6　水稻无水层灌溉

图3-7　水稻无水层灌溉示范牌

一、灌溉水量对比

2003—2006年，4年早稻平均无水层灌溉与薄露灌溉、群习灌溉相比，分别节水56 m^3/亩、

145 m^3/ 亩，节水率分别为 46%、69%。2003—2013 年，11 年晚稻平均，无水层灌溉比后两者分别节水 88 m^3/ 亩、202 m^3/ 亩，节水率分别为 58%、76%（参见表 3-8）。

表 3-8　无水层灌溉灌水量对比

类别	时间		灌水量						节水量			
	年份	历时（年）	无水层		薄露		群习		无水层－薄露		无水层－群习	
			次	m^3/ 亩	次	m^3/ 亩	次	m^3/ 亩	m^3/ 亩	%	m^3/ 亩	%
早稻	2003—2006	4	2.7	65	6	121	10	210	56	-46	145	-69
晚稻	2003—2013	11	4.7	68	8.2	151	13	265	88	-58	202	-76

二、水稻产量对比

1998—2006 年，7 年早稻无水层灌溉分别比薄露灌溉、群习灌溉增产 43 kg/ 亩、66 kg/ 亩，增产率分别为 10.1%、16.5%。1998—2013 年，16 年晚稻无水层灌溉分别比后两者增产 47 kg/ 亩、78 kg/ 亩，增产率分别为 9.6%、17.4%，参见表 3-9。

表 3-9　无水层灌溉产量对比

类别	时间		产量（kg/ 亩）			增产			
	年份	历时（年）	无水层	薄露	群习	无水层－薄露		无水层－群习	
						kg/ 亩	%	kg/ 亩	%
早稻	1998—2006	7	466	423	400	43	+10.1	66	+16.5
晚稻	1998—2013	16	534	492	452	42	+8.5	82	+18.1

三、灌溉水分生产率

经对前 4 年双季稻、5 年单季晚稻灌水量、降水量、排水量的计算（限于生产条件限制、没有计入地下水补充量），得出无水层灌溉早稻、晚稻的水分生产率分别为 2.68 kg/m^3、3.0 kg/m^3，达到了国际先进水平。薄露灌溉早、晚稻水分生产率分别为 1.78 kg/m^3、1.73 kg/m^3，见表 3-10。而经调查得出该镇早、晚稻平均水分生产率分别为 1.32 kg/m^3、1.29 kg/m^3。

表 3-10　无水层灌溉水分生产率对比

类别	早稻						晚稻					
	灌水（m^3/ 亩）	降水（m^3/ 亩）	排水（m^3/ 亩）	耗水（m^3/ 亩）	产量（kg/ 亩）	生产率（kg/m^3）	灌水（m^3/ 亩）	降水（m^3/ 亩）	排水（m^3/ 亩）	耗水（m^3/ 亩）	产量（kg/ 亩）	生产率（kg/m^3）
无水层	65	144	35	174	466	2.68	68	151	41	178	535	3.0
薄露	120	144	22	242	431	1.78	164	155	35	284	490	1.73

四、推广应用情况

1998—1999 年，余姚市在 17 个乡镇进行试验示范，现把 1999 年记载的试验结果总结如下：早稻 460 kg/ 亩，比对照田增产 43 kg/ 亩，增产率 10.3%；晚稻 443 kg/ 亩，增产 49 kg/ 亩，增幅 12.4%。晚稻无水层灌溉、薄露灌溉、群习灌溉灌水量分别为 69 m^3/ 亩、103 m^3/ 亩、167 m^3/ 亩，节水幅度分别为 33%、59%。结合水稻秧苗“直播”技术，当时估计余姚市应用无水层灌溉面积每年为 3 万亩。

下面把余姚市大可农场主人、农艺师苏志顺 1998 年 8 月 20 日提供的总结转载，作为典型农户介绍。

早稻“湿播旱育”超高产栽培技术总结

水稻和其他作物一样，在生长过程中需要水，但水稻不是水生植物，只是属耐湿较好的作物。以前我们误认为它是水生作物，进行长期灌水，迫使它形成特殊的通气组织，其实这对水稻的生长和夺取高产是极为不利的。然而，随着人们对水稻生理认识的逐步深入，因地制宜地采用了旱育秧、间歇灌溉、搁田、薄露灌溉、沟灌旱育等改革，不仅使水稻播种范围扩大，而且还能大幅度增产、节水、节电、省工增效。

1997—1998 年，我场设置了早稻“湿播旱育”超高产栽培技术研究试验。1997 年 32 亩试验田平均亩产 578 kg，1998 年 52 亩试验田平均亩产 613 kg，典型田块超 700 kg，显示出较好的效果。

一、试验设计

湿播：水稻催芽湿播，就目前农艺来说，是一条省工、省本的最佳途境。它不仅简化了平地工序，还能加宽箱面，提高土地利用率，免去地膜覆盖保墒压草的成本，达到节约工本、提高产量、增加经济效益的目的。具体工序是水耕水耙、基施深施、分箱整地（宽 4 m）、催芽播种。这样既对水稻竖芽齐苗的水气供给十分有利，而且还能充分利用本地区季节性多雨的有利因素。

旱育：就是按照水稻的生理生长规律做到不饥、不渴。不饥，即在施足基肥的基础上严格把握苗色，使其既不落黄也不发黑，永葆叶挺不疵的健壮栽培，采用“少吃多餐”。不渴，即采用满足生理用水、限制生态用水、克制过度用水，使土壤湿度保持 70% 湿润状态，达到节水节电的目的。

二、试验经过

灌水：4 月 8 日灌泡田水，因去冬今春一直多雨，田烂，灌水量每亩只用 30 m^3 左右，平田后落干播种，开始旱育。4 月 30 日，苗到一叶一芯期，结合喷幼禾葆、施断奶肥，灌水上箱，用水 15 m^3。7 月 6 日，是早稻结实灌浆的需水第二临界期，刚逢气候干热，灌第三次水，用水量 25 m^3。其实水稻的生理用水就灌了这么一次。早稻一生灌水量为 70 m^3，比常规灌水的 200 m^3 节约用水 130 m^3。

施肥、施药：同常规（略）

三、试验结果

苗情动态：见表 3-11。

表 3-11　无水层灌溉苗情动态

日期（月－日）	基本苗	05–10	05–15	05–20	05–25	05–30	06–05	06–10
（万株 / 亩）	35.0	46.3	54.9	65.8	75.4	77.5	75.1	60.1

经济效益：与常规相比，化肥、农药基本相似，多花一点整地工，但免去了插秧，费用有减无增。电费以 0.5 元 /kWh 计算，可节约 6.5 元 / 亩，产量比常规增加 200 kg/ 亩以上，可获利 256 元 / 亩，合计增加经济效益 262.5 元 / 亩。

四、结论和建议

水稻的用水、节水，与气候有密切关系。如今年我地梅雨季节雨量大、雨日多，灌水特别少，根据旱育的要求，田间一直以排水为主，故节水的数量就少。苗蘖促控，因田间湿度一直较大，群体过大（见表 3-12）；又自 7 月 17 日起，刚涉成熟期，连逢 15 天之久的雷雨大风，不但增大了收割难度，还使浪费增大，影响产量。

表 3-12　无水层灌溉经济性状

有效穗（万 / 亩）	总粒（穗）	实粒（穗）	结实率（%）	理论产量（kg/ 亩）	实　产（kg/ 亩）	
					典型田块	平均
39.6	108.5	94.5	87.1	758	705	613

尽管气候的影响，采用“湿播旱育”，52 亩试验田亩产仍达到 613 kg，仍在去年 32 亩、亩产 578 kg 的基础上增产 35 kg，比今年大面积平均产量 400 kg 左右增产更显著，说明如气候正常，采用“湿播旱育”，达到 750 kg/ 亩甚至 1 000 kg/ 亩是完全有可能的。

水稻“湿播旱育”是继“薄露灌溉”技术的深入，且它更适合水稻的生理生化特点，更能充分发挥增产潜力，提高种粮经济效益，在平原水网稻区值得推广。

2000 年新华社记者专程来余姚采访水稻无水层灌溉（见图 3-8）。

图 3-8　作者接受新华社记者采访

图 3-9　茆智院士陪同国际水稻所专家考察

1998 年 5 月 30—31 日，武汉大学教授茆智院士陪同国际水稻所灌溉研究所专家大卫博士和托法克・桐博士来余姚考察（见图 3-9），参观了老方桥、余姚、河姆渡三镇的无水层灌溉、水稻地膜栽培试验田，在向镇村干部和农户了解水稻节水灌溉的操作方法和效益以后，客人高兴地说："你们的节水灌溉技术真正被农民接受了。"

2000 年 6 月 30 日，国际水稻研究所土壤和水分研究室主任巴斯・鲍曼博士在中国水稻所专家朱德峰的陪同下，专程到余姚考察水稻无水层灌溉技术（见图 3-10）。在河姆渡镇示范田田头，当客人看到稻田没有水层，也没有杂草，而水稻一片葱绿、长势喜人时，饶有兴趣地向稻田主人——农户郑炳江作了详细询问，对余姚市不但把水稻节水灌溉技术作为一项主要的节水技术，而且还作为治渍增产技术推广，给予了很高评价。

图 3-10　朱德峰研究员陪同国际水稻所专家考察

第四章　农业节水·推广渠道防渗技术

第一节　管道输水灌溉

为减少渠道渗漏、节水节电，余姚早在 1985 年就在平原建设第一个面积为 160 亩的“地下管道”灌区。1988 年在海拔 600 多 m 的四明山区建成 600 亩“山区管灌区”，用的是普通混凝土管道的非标产品，因数量有限，推广受到限制。1990 年研制成功薄壁钢丝网混凝土管道，壁厚仅 2 cm，为高标号砂浆，中间夹一层钢丝网，充分发挥钢丝的抗拉应力和砂浆的密实性，重量仅为普通混凝管的 30%，相应节约材料 70%，价格为同口径混凝土管的 33%。它采用承插口连接，O 型橡胶圈密封、柔性接头，能适应材料热胀冷缩和地基不均匀沉降，有较好的密封性。共推广 100 多 km，主要用在山区，因为山区渠道渗漏更大，维护任务也更重，其中梁弄镇百丈岗、后杨岙、横岙等 3 座小型水库全部实现“放水管道化”。水利厅一位专家参观以后高兴得直拍大腿，说：“终于找到了一条山区渠道防渗的路子！”

实践证明，地下管道输水可节约耕地 1.4%，有利于农业机械作业，节省修理维护费用，并有更好的节水效果，“管灌”是农田水利现代化发展的方向，见图 4-1、图 4-2。

图 4-1　堆放在工场的薄壁网管

图 4-2　渠道输水改为管道输水

现把 1992 年笔者发表于《余姚报》、《中国水利报》、《农民日报》的科普文稿摘录于下。

管灌——现代农业发展的方向

24 km 水泥密封管道已在我市梁弄、余姚镇、马渚、鹿亭等乡镇的 20 多个示范灌区地下延伸，近 8 000 亩农田的灌溉条件得到了根本改善，取得了节水、节能、省地、省工、增产、减灾等综合经济效益。

节水。由于管道接口用橡胶圈密封，从根本上减少了渗漏，节水效益显著。位于四明山区腹地的白鹿灌区，以同一座小水库为水源，明渠改建管道后，灌溉面积从 100 多亩扩大到 600 亩。横岙水库灌区 1991 年建成 1 250 m 管道，当年水库少放水 28 万 m^3。

节能。节水也就节了能，历山村去年建成 300 亩管灌区，2 年节电 13 400 kWh。今年春天刚建成的肖东兰墅桥村管灌区，每亩用电 14.3 kWh，比同时建成的水泥“三面光”渠灌区节省 11.4 kWh。

省地。管道埋到离地面 0.6 m 处，不占耕地，如本市渠道都改成地下管道，可节省土地近万亩，还有利于农业机械下田。

省工。管道内不断水，不论远田、高田，阀开水到，农户不必再为放水、等水而花费时间，而且不会淤塞，不用岁修，梁弄镇牌宪村管灌区每亩节省了 6～7 个放水、修理用工，该村党支部书记说：“比这再好的东西没有了。”

增产、减灾。由于灌溉及时，每亩能增产稻谷 20～40 kg。在缺水灌区则能减少因干旱引起的损失。白鹿灌区平均每年每亩可减少粮食损失约 100 kg，这个灌区还一改历来冬季“闲田蓄水”的习惯，放心地种上了油菜、马铃薯，这一项又每亩增加收入 200～300 元。

由我市水利局研制的薄壁钢丝网水泥管道（口径 25 cm），每米造价 30 元左右，比水泥“三面光”渠道仅高 3.8 元。密封管道灌溉是我市的一项技术成果，是省重点推广的节水灌溉技术之一，已在奉化、鄞县、宁海、嘉兴、金华、丽水等县市推广应用，其中奉化市滕头村的地下管道，上面已桔树成荫，成了“桔子渠”，2001 年 10 月 21 日，前来视察的江泽民总书记听了介绍后风趣地说：“噢，地下还有‘秘密武器’呀！”

本省平湖市是平原实现地下管道灌溉的典型，余姚市则是率先在山区实现管道灌溉的典型。随着工程塑料技术的成熟，特别是聚乙烯（PE）管材的大量应用，为管灌发展创造了条件，近 3 年中，余姚开始采用 PE 塑管改造建于 20 年前的地下管道，并积极提倡在平原灌区以地下管道代替明渠。2012 年建成第一个移动式薄壁钢管（2 mm）灌溉示范区（见图 4-3），面积 100 亩，采用快速接头“装配式”

图 4-3 移动式输水管道

施工速度快，每米成本200多元，由于避免了占用耕地引起的费用，与明渠综合造价相近，因而很受农民欢迎。

第二节　渠道防渗

余姚从20世纪90年代初开始探索渠道防渗技术，经过实际应用考验，淘汰了容易冻坏的“砖砌渠道”和施工质量难保证的“现浇渠道”，筛选出空心板梯形渠和预制矩形渠两种防渗渠道型式。

一、空心板梯形渠

空心板梯形渠由多孔板在两边侧向放置形成（见图4-4），板长3 ~ 4 m，板间接头设支墩，兼有稳定和密封作用，放水拍门和出水管也埋设在支墩内。由于基本材料是建筑上成熟的多孔板，力学结构合理，价格低廉，质量有保证，施工速度快，很受农民欢迎，在余姚中部（平原、地下水位0.5 ~ 1.0 m）20多万亩农田应用。

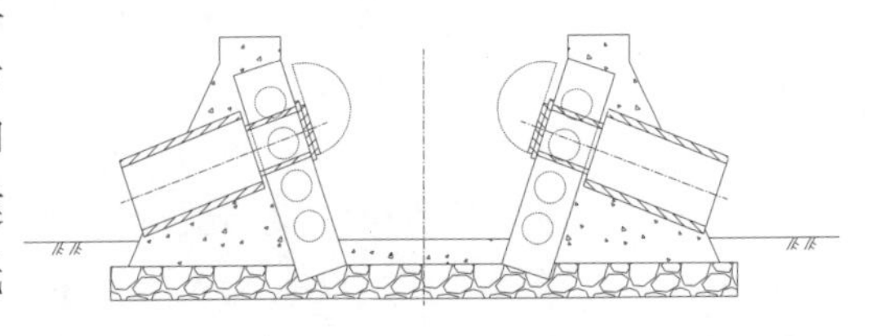

图4-4　空心板梯形渠

二、预制矩形渠

预制矩形渠由预制矩形槽（见图4-5）铺设而成。矩形槽每节长1 m，采用承插口连接，铺设时预留间隙10 mm，用砂浆填充密封。一侧或两侧在需要位置开孔，埋设拍门及出水管，规格有55 cm、45 cm、35 cm三种，分别与ϕ250、ϕ200、ϕ150（俗称10寸、8寸、6寸）三种规格的水泵配套。这一型式渠体稳定，省去支墩，占地面积少，是专为“软土渠基”研制的，在余姚东部（平原、地下水位0.3 ~ 0.5 m）10余万亩灌区应用。

图4-5　矩形渠工厂

目前余姚已建防渗渠道和地下管道1 768 km，占农渠总长的97%，由于减少渗漏水量、压制杂草生长、节省维修用工，且输水速度快，农民高兴地把渠道称为“跑道”，成为农田水利现代化的标志。

第三节　放水拍门和给水栓

一、渠道拍门

为杜绝渠道放水孔用烂泥堵、用稻草塞，造成“长流水”的现象，设计了三种型式、多种规格的放水开关，即铸铁拍门。

底板式拍门。口径有 ϕ100、ϕ150、ϕ200 三种，用螺栓固定在渠道壁上。

碗形式拍门。底板改成圆柱式，初看似一段铁管，又像一只小碗。直接埋入渠壁内，省去螺栓且密封性好。

子母式拍门。普通拍门的优点是开关方便，缺点是只有“0”和“1”两种状态，只能“开”或“关”，不能调节流量大小，为此设计了子母式拍门，即在口径 150 mm 和 200 mm 大拍门①（母）的门上又设置了一个小拍门②（子）（见图 4-6），需大流量时把大拍门打开，要小流量时打开小拍门，这一设计构思巧妙，2002 年获得了实用新型专利。

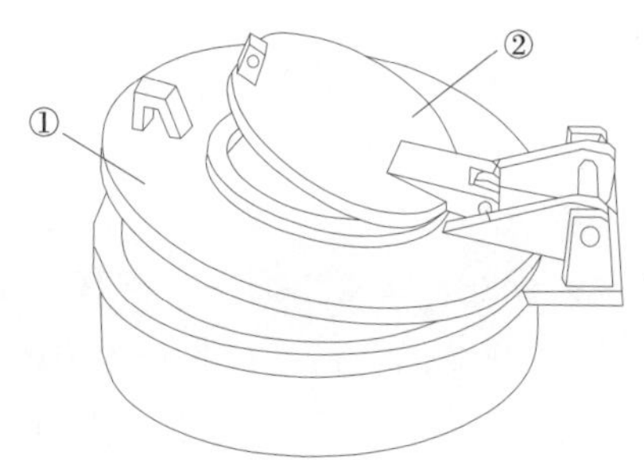

图 4-6　子母式拍门

二、管道给水栓

针对管道灌溉的需要而工业闸阀价格太高的实际，余姚研制 3 种“放水开关”。

旋转式双向阀。由混凝土浇筑而成，用橡胶圈直接套到管道出水“三通”上，由两只控制阀分别向道路两边田块供水，通过旋转阀芯控制流量大小（见图 4-7）。1994 年获实用新型专利，名称为“农业灌溉给水栓”。

倒置式单向阀。铸铁制成，旋转螺杆使阀门下降，“门”打开，反之门向上时关闭。特点是管道压力水使阀门密封，所以密封性特别好。

图 4-7　各种拍门和给水栓

升降式双向阀。材料为铸铁，由两个结构相同的“阀门”连体，由丝杆调节阀门的高度控制流量大小，特别是体积小，流量大，而且通过特殊的自动啮合机构，阀门的密封性好。2000 年获得实用新型专利，名称为“双向式灌溉节水阀”。

以上 3 种管道灌溉的“专用开关”，不但在余姚应用，而且推广到相邻的新昌县、嵊州市、绍兴县、慈溪市、奉化市等地。

第四节　农田水利示范区

余姚从 1996 年开始建设现代农业示范园区，就基础设施而言，实际上是农田水利示范园区。第一个园区位于凤山街道，占地 420 亩，当年 2 月动工，6 月建成，投资 254 万元。区内综合应用了土地平整、管道输水、薄露灌溉、深沟排水、暗管降渍、泵站节能等多项国内外先进的农田水利技术（见图 4-8）。当时的技术路线是："两暗一明、两通一平"，即暗灌、暗降（渍）、明排，路通、电通、地平。田成方、树成行，路相连、沟相通，泵站在河面亭亭玉立，管道在路下悄悄流水，展示了现代农田水利的崭新面貌。

图 4-8　园区泵站

这个园区是浙江第一个现代农业示范园区。在园区建设和建后 5 年中有 63 批次、800 多位领导，水利、农业专家前来参观（见表 4-1），其中有时任省长万学远、副省长刘锡荣，宁波市委书记许运鸿、副市长徐杏先，本省各县市的同行以及新疆玛纳斯县水利局，安徽巢湖地区水利局、巢湖县水利局，安徽庐江县水利局，江西上饶市科委、水利局，湖北襄樊地区水利局，江苏高邮市水利局等外省客人，见图 4-9。

表 4-1　示范园区省内外参观

年份	批数	人次
1996	29	448
1997	12	202
1998	13	89
1999	5	38
2000	4	75
合 计	63	852

园区建成后，还引来了日、美、德、英等 7 国 30 名国外专家前来考察（见图 4-10、表 4-2），美国、日本的专家感言，他们国家也不过这个水平，越南胡志明大学的科技专家则伫立田头、陷入沉思。

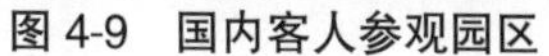
图 4-9　国内客人参观园区

图 4-10　日本专家参观园区

表 4-2　国外学者考察记录

序号	日期	国籍	项目	人数	领队姓名	职务职称	联系陪同
1	1996 年 8 月 28 日	美国	水资源专家	1	塞勒斯	教授	宁波市水利局
2	1996 年 9 月 5 日	日本	早稻田大学	2	小岛丽逸	教授	省园区办
3	1997 年 9 月 18 日	德国	亚琛大学	2	盖 格	教授	中科院
4	1997 年 10 月 25 日	英国	博次瓦那大学	1	弋 特	博士	中科院
5	1998 年 5 日 7 月	美国	佐治亚大学	2	诺 萨	教授	宁波科委
6	1998 年 5 日 30 月	菲律宾	国际水稻研究所	2	托法克·桐	博士	武汉大学
7	1998 年 10 月 12 日	越南	胡志明科技大学	10	阮万丹	系主任	浙江大学
8	1999 年 10 月 17 日	日本	农业土木综合研究所	8	内藤克美	理事长	水利厅
9	2000 年 6 月 11 日	荷兰	国际水稻研究所	2	巴 斯	室主任	中国水稻所
合 计		7	8	30			

这个园区的特色是管道输水、薄露灌溉、泵站节能“三结合”，园区建成后 10 年间（1997—2006 年）笔者对水稻灌溉用电量、用水量进行了跟踪记录，结果为双季稻合计平均用电量仅 7.9 kWh/ 亩（见表 4-3），比周围农田平均用电（18 kWh/ 亩）节约 56%；灌溉水量 553 m^3/ 亩，比周围农田平均用量（960 m^3/ 亩）节省 42%。园区内种植水稻、蔬菜，产量和净收益平均提高 20% ~ 30%，显示出很好的节水增效示范作用。

表 4-3 节水示范区灌溉电量记录

年份	北泵站		南泵站		平均合计（kWh/亩）
	东区（90亩）	西区（66亩）	东区（85亩）	西区（66亩）	
1997	10.8	15.8	11.7	13.7	13
1998	8.1	11.5	7.3	—	9
1999	7.1	1.6	7.5	10.7	6.7
2000	10.3	5.2	8.5	11.7	8.9
2001	10.5	4.5	8.7	11.3	8.8
2002	6.9	2.5	10.9	10.0	7.6
2003	—	—	4.3	3.4	3.9
2004	—	—	7.6	7.3	7.5
2005	—	—	8.0	7.2	7.6
2006	—	—	5.0	5.0	5.0
平均			7.5	8.4	7.9

注：1. 2003 年以后北泵站改种苗木，由农户另行灌水。
2. 以上用电均为双季稻，唯有 2006 年为单季稻，没有计入平均数中。

在节水示范园区建设中，应用了多项新颖技术，现把其中专利列于表 4-4。

表 4-4 农业节水新技术专利

序号	名称	类型	授权日期
1	农用灌溉给水栓	实用新型	1993 年 6 月
2	双向式灌溉节水阀	实用新型	2001 年 6 月
3	子母式拍门	实用新型	2003 年 1 月
4	渐开线放样器及放样方法	发明	2005 年 11 月
5	泵站人字形拦污栅	发明	2008 年 1 月

续表 4-4

序号	名　称	类　型	授权日期
6	泵站防盗器	实用新型	2008 年 10 月
7	降水径流测量装置	发　明	2009 年 1 月
8	农田排灌系列设施	发　明	2009 年 6 月
9	养殖场管阀排灌系统	发　明	2011 年 8 月
10	子母渠输水系统	发　明	2013 年 4 月

注：不包括喷滴灌专利 5 项。

近 20 年来，余姚结合全国节水增产重点县、农业综合开发、节水灌溉示范项目、小型农田水利重点县等项目建设，农田基本经过一轮节水改造，当年的示范园区已基本普及，2012 年被评为“全国农田水利建设先进单位”。

第五节　旱地龙和保水剂

除了工程措施，余姚还开展了化学节水剂的示范应用，一种是旱地龙，能减少作物蒸腾量；另一种为保水剂，可增加土壤蓄水量。

一、旱地龙

旱地龙是以黄腐酸为主要原料，含有 15 种氨基酸、多种生物活性基因和 10 余种植物必需微量元素的抗旱剂（见图 4-11），用于农作物拌种、浸种，可提高发芽率、出苗率，增强抗寒、抗病虫害等性能，提高产量和改善品质；叶面喷施，能抑制作物叶面气孔的开张度，减少水分蒸腾，从而增强作物抗旱、抗干风的能力，节约灌溉用水量；随水浇灌，可使因施用化肥、农药造成的板结土壤疏松，活化土壤本身微量元素，增强土壤肥力，使作物处于良好状态。

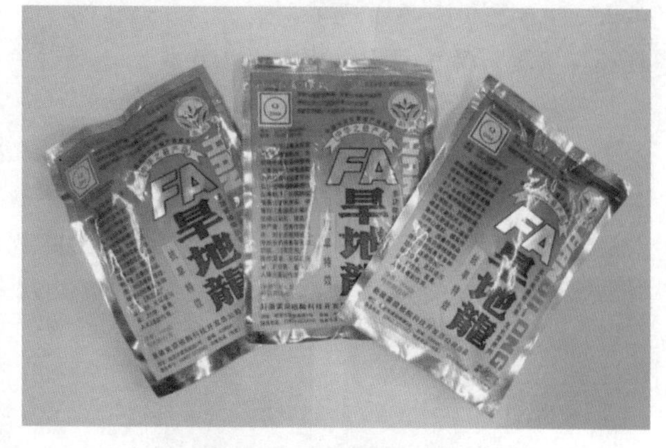

图 4-11　小包装旱地龙

余姚市从 1997 年开始在 10 余个镇试验示范，测产结果每亩增产：榨菜 915 kg(+22%)，辣椒 105 kg(+26.7%)，茄子 467.0 kg(+36.5%)，棉花 14.9 kg(+21.5%)，西瓜 455.5 kg(+14.6%)，

新疆产旱地龙当时价格定 2 元 / 包，每亩使用成本 6 ～ 10 元（不包括人工费），平均增产率 23.3%、增收 297.5 元 / 亩，试验效果见表 4-5。玉米虽没有产量对比数据，但直观显示，苗壮穗大，有很好的增产效果，而且提前一个星期成熟，市场上能卖高价。

表 4-5　旱地龙试验应用效果

作物	面积（亩）	产量 (kg/ 亩)		增产		增产率（%）
		试验田	对照田	kg/ 亩	元 / 亩	
榨菜	1.20	5 073.3	4 158.3	915.0	424.30	22.0
辣椒	1.20	497.2	392.2	105.0	94.50	26.7
茄子	0.06	1 747.0	1 280.0	467.0	706.00	36.5
西瓜	1.50	3 570.0	3 114.5	455.5	191.40	14.6
棉花 (1)	10.00	84.3	69.4	14.9	179.41	21.5
棉花 (2)	2.00	102.4	86.8	15.6	192.50	18.0
平均					297.5	23.2

典型农户介绍。梁弄镇农户张士达从 2008 年开始试用旱地龙，现把笔者于 2010 年 8 月调查记录如下：

“我把旱地龙用于茶叶和西瓜，效果确实好。茶叶上一年共用 3 次，第 1 次春茶结束（5 月底），每亩地 1 包配 80 kg 水喷洒，以后每周喷 1 次，连续 3 遍，表现是新枝长得坚挺。第 2 次为 6 月底至 7 月底，也喷 3 遍，表现茶树叶比人家得茶树叶更绿、枝杆更挺。第 3 次为 8 月底，如无雨连施 2 遍。效果一是产量提高，叶片厚而且长得快，本来采摘期隔 3 天，现在隔 2 天，干茶产量提高 1.25 kg/ 亩，增加毛收入 1 250 元 / 亩；二是节省成本，少用化肥 170 元 / 亩，旱地龙成本仅 20 元 / 亩，二者相抵节省 150 元 / 亩。西瓜上我也已用 2 年，每年用 6 次。用了以后水少灌了，西瓜不会开裂，减少了损失，每亩增产 600 kg，增收 1 200 元，同时节省施肥成本每亩 230 元，两方面合计净增效益 1 430 元 / 亩。

二、保水剂

保水剂是一种高分子合成材料，经试验证明，吸水膨胀度高达 150 倍（重量比），其吸水原理同婴儿用的“尿不湿”，埋入作物根部，雨天慢慢吸水，贮蓄于作物根部，晴天缓缓释放供根系吸收，能促进土壤团粒结构优化，具有透气、吸水、保水、保肥作用，即具有“蓄水根灌”、抗旱节水的效果（见图 4-12）。余姚 1999 年开始示范，2006 年在花卉和杨梅上应用，普遍显示成活率提高，植株长势明显好于对照区。农户高兴地说：“早就盼着有像‘尿不湿’那样的东西，现在真的有了！”

保水剂不但可用于“无水可灌”山坡地，多蓄雨水，增加抗旱能力，而且也可用于灌区，可减少水和肥料流失，减少灌水次数。

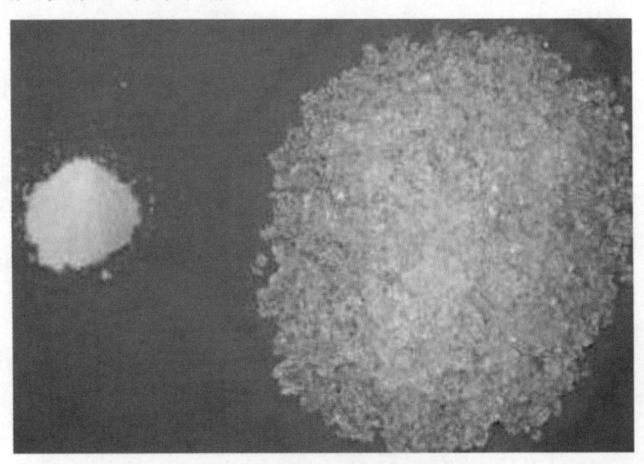

图 4-12　保水剂吸水前后对比

第五章　工业节水

工业节水主要通过电镀、印染、拉丝酸洗、酸洗发蓝、废旧塑料加工等重污染行业的生产工艺改造、循环利用、中水回用、雨水利用等治污、清洁生产、减排等措施实现。

2010年年初，余姚市委、市政府发出《关于加快经济转型升级促进经济发展方式转变的若干意见》，其中第61条明确规定：年节水量达到4万t（含）以上的项目，每节水1 000 t奖励400元。政府的态度对企业节水的推动作用很大，企业主认为节水能降低自身的生产成本，政府还给予奖励，表示节水工作得到了社会的肯定，我们一定要搞好技改，降低水耗。

第一节　电镀行业专项整治

从2010年到2011年，余姚对全市47家电镀企业、352个车间分别开展了以防地面渗漏和削减排污总量为主要内容的专项整治。通过两次集中整治，把电镀企业集聚于专业电镀园区内，园区内设有完善的污水收集、处理系统，按照《电镀污染物排放标准》（GB 21900—2008）要求对电镀废污水进行预处理，达标后才排入污水干管。两次整治共投入改造资金3.9亿元，关停手工生产线254条，车间的地面渗漏得到有效控制，企业自动化率达到98%以上，电镀废污水产生量从原来的每年310万 m^3 削减到152万 m^2，净削减158万 m^3，削减率51%，见图5-1。

图5-1　电镀行业车间整治

第二节　印染行业专项整治

2010 年，余姚对全市 17 家印染行业开展专项整治（见图 5-2），共淘汰落后印染设备 116 套，中水回用率达到 37%，年排污量从整治前的 755 万 t 削减到 485 万 m^3，净削减 270 万 m^3，削减率 36%; 年削减 COD 排放量 996 t，共投入 2 600 万元。

图 5-2　印染行业污水处理设备

第三节　拉丝酸洗行业整治

2010 年开始，余姚对姚东 4 个乡镇集中开展了拉丝酸洗行业的专项整治，推广机械抛丸除锈技术，替代原酸洗除锈工艺，至 2011 年末，全市 63 家拉丝酸洗企业共投资 8600 万元，完成了生产工艺改造，年减少污水排放量 6.8 万 m^3，改善了当地主要河道的水环境质量。机械抛丸除锈技术目前已在全省各地推广。

第四节　酸洗发蓝行业专项整治

2010 年起，在市政府的高度重视下，余姚对陆埠水库上游的 74 家酸洗发蓝油封企业实行了全面关停搬迁整治，每年减少废水排放量 7.6 万 m^3，大大改善了陆埠水库饮用水源水质。

第五节　废旧塑料行业专项整治

余姚市塑料产业和家电制造产业发展迅猛，对再生塑料需求量很大，废塑料加工行业应运而生，到 2011 年年底，全市共有各类塑料加工企业 700 余家，形成了一条较完整的塑料加工经济产业链。但是整个行业个体经营户多，无证无照的多，居产业链最低层次的多，环保设施简陋，所产生的废水、废气对自然生态的污染远远超出环境的承载能力，严重影响人民群众的身体健康。

2012 年 7 月 3 日余姚市政府出台《余姚废塑料加工行业专项整治工作奖励办法》，截至 2012 年年底，全市列入整治的 662 家废塑料加工企业全部关停，对证照齐全的 52 家废旧塑料加工企业实行搬迁、提升改造，专项整治行动取得了重大阶段性成果。经过这次铁腕整治和规范，余姚市废塑料加工行业迎来了水更清、天更蓝的“绿色生机”。

第六节　中水利用

余姚通过分散和集中两条途径建中水厂，推进企业中水利用。

企业自建中水厂。政府鼓励高耗水、高污水企业自建污水处理厂，净化至中水标准后由本企业使用，达到减排节水的目的。如宁波市华盈制衣厂 2012 年投资 400 多万元，建成污水处理系统，日处理污水 4 000 t，产生中水 3 000 t，由本厂回用，每天节约相等数量的自来水，相应节约生产成本 1.2 万元。

建集中再生水厂。余姚于 2011 年投入资金 6 017 万元，在靠近杭州湾的工业园区建成滨海再生工业水厂（见图 5-3）。以小曹娥生活污水处理厂尾水为水源，生产能力为 1 万 m^3。同时铺设再生水管道 11.8 km，向附近的宁波金兴金属加工有限公司、宁波众茂热电有限公司、宁波长江皮革有限公司等企业以及农业大户供水。2013 年日均供水量 1 600 m^3，主要用于上述企业的工业循环冷却用水、基建用水、绿化和厂区道路清洁用水，还作为花卉苗木喷灌水源（见图 5-4）。

图 5-3　滨海再生工业水厂

图 5-4　再生水用于苗木喷灌

第七节　典型企业介绍

一、宁波长振铜业有限公司

宁波长振铜业有限公司是一家利用国内外回收的废旧黄杂铜专业生产环保型铜材及

其他精密铜合金材料的民营企业。该公司成立于 1984 年，占地面积 9.2 万 m^2，拥有 420 余名员工，主要产品为铜线、铜棒、异型材等，年销售收入 7.8 亿元，上缴利税 2 800 万元，员工人均年综合收入 7 万元。

公司历来重视节水工作，早在 2004 年就建设了雨水收集利用系统，并制定激励政策，鼓励生产部门利用雨水。通过近 10 年的发展，公司总投资近 1 000 万元，建成了集雨水收集利用、生活污水处理回用、生产废水处理回用、冷却水循环利用等四个系统为一体的节水系统工程 (见图 5-5)，设备设施完善，节水成效明显。

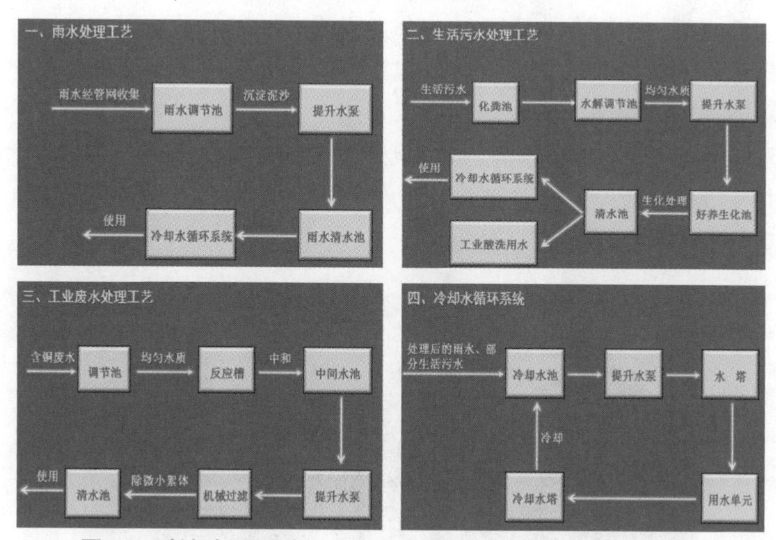

图 5-5　长振铜业雨水、污水、废水收集处理回用系统示意图

公司配备了较为完善的水供给动力系统、6 套冷却水塔和 1 个 2 400 m^3 的地下集水池，构建了一套完善的雨水收集、处理、循环、冷却系统。

公司年耗水量 100 多万 m^3，而年实际使用自来水仅 5 万 m^3，其中 85% 以上自来水用于食堂、宿舍、饮用等生活必需，工业水循环利用率达到 95% 以上。公司万元工业增加值水耗为 0.35 t，低于有色金属压力加工行业平均水耗 30% 以上，仅 2012 年就节约生产成本 360 余万元，大大提升了公司节水的积极性和主动性。

二、浙江朗迪集团公司

朗迪集团公司成立于 1998 年，是一家专业生产家用空调类风叶、暖通类风机、工业装备类风机、商用类风机的集团化企业。为降低生产成本，稳定产品质量，集团十分重视厂区的雨水利用。

（一）雨水利用的原因

众所周知，注塑机在生产过程中需要用冷却水对模具进行降温，才能连续生产，一般企业采用蓄水池、循环泵、冷冻机、冷却塔组成的冷却循环系统，用自来水作为补充水。但冷却水经过模具后水温达到 45 ℃以上，通过冷却塔时蒸发水量超过 15%，夏季尤为严重，超过 23%，全部采用自来水补充，生产成本很高。朗迪集团公司有注塑机 120 台、大功率塑料拉粒机 6 台，每天 24 小时运转，需补充冷却自来水 1 140 t，每天需水费 4 000 多元，冷冻机电费 800 元，两者合计 4 800 多元。

（二）雨水收集利用系统

公司建设时在两幢厂房的开阔空间（50 m × 70 m）挖成 3.5 m 深基坑，用大石块填埋至离地面 0.5 m，逐层加沙石作过滤用，上部 50 cm 填黄泥，种上绿花（见图 5-6），利用基坑中块石之间的空隙蓄水，形成一个容积约 3 000 m^3 的地下水池，称为集水区，把厂房、厂区的雨水管接入这个集水区。在集水区的南部建了东西两口同样大的水井，直径 3 m，深 5 m，两井相距 40 m。东井为取水井，从这口井抽取雨水补充冷却；西井为回水井，夏天气温高，冷却水温也高，无法冷却到模具适用的温度，就把热水回到西井，经过地下“井水冷却效应”回流到东井，温度降至 20 ℃左右，又可进入循环系统，所以这个系统具有节水和节能降温双重效果。

图 5-6　朗迪集团公司地下（绿化）雨水池

（三）雨水利用的优势

余姚中部和北部位于宁（波）绍（兴）平原，中部土层酸性大，北部土层碱性大（靠近杭州湾），如打水井取地下水作冷却水，对管道设备的腐蚀性大，而雨水经过滤水质较好，pH 值偏于中性，适时补充自来水，完全能达到设备冷却水质的要求。

该公司雨水利用项目实施后，生产用水每天仅在 40 t 左右，节水 1 100 t，年节水 39.6 万 t，年节约用水成本 174 万元。

第六章　生活节水

余姚生活节水主要在城乡供水管网改造、农民饮用水改善提高和推广公共厕所节水器三方面，且均处于国内先进行列。

第一节　城乡供水管网改造

余姚早在2000年前就实现平原城乡供水一体化，“十一五”期间，投资3.2亿元，对全市11个城镇水厂完成了主管网改造。从2006年以来，投资2.11亿元，经过7年的努力，到2012年年底完成姚西北地区9 138个家庭的“一户一表”改造，全市平原农村管网改造率达到85%，在省内领先。

全面完成老城区给水管道改造。老城区自来水管网建成时间较早，管材老化、管径较小等原因造成供水压力不足，供水漏损严重。为此，市政府结合背街小巷改造工程实施老城区给水管网改造。通过线路优化、管材更新、精心施工，至2011年，完成了新建北路等18条街巷的给水管道改造，总长8.83 km，共投入资金391.4万元。

余姚自来水公司供水范围为120 km^2，有口径100 mm以上管道1 688 km，覆盖人口50余万，供水能力20.5万t，年供水量3 570万t。2008年以来，自来水产销率从81.6%提高到94.4%，漏渗率在5.6%（见表6-1），达到国内先进水平，在全省行业会议上作专题经验介绍，主要有以下几方面。

（1）供水管网改造。改造口径100 mm以上管网1 555 km，占总长度的80%以上；“一户一表”改造11.22万户，占应改造户数的95%以上。

（2）严格检漏制度。利用GPS手机对检漏员工作过程进行卫星定位，按巡查里程和时间设立“计件”工资及奖励，提高检漏员积极性、责任心，每年查出暗漏200处以上、明漏150处以上。

（3）强化用水监察。调整考核办法，取消奖励封顶，调动监察人员积极性、主动性，打击偷盗水行为。每年处理各类违章用水行为超过1 000起，平均年挽回损失107万元。

（4）创新发放举报奖。鼓励全社会对供水设施损坏、漏水、盗水等现象进行举报，并给予奖励，仅2011年共收到公司内外举报信息3 617条，发放举报奖25 477元。

表 6-1 市自来水公司 2008—2012 年制售比

年份	制水量（万 m³）	售水量（万 m³）	制售比 (%)	漏损率 (%)
2008	3 144	2 672	85.0	15.0
2009	3 285	2 963	90.2	9.8
2010	3 350	3 015	90.0	10.0
2011	3 597	3 388	94.2	5.8
2012	3 570	3 370	94.4	5.6

第二节 山区农民饮用水提升工程

余姚于 2005—2007 年实施了山区农民饮用水工程，投资 4 400 万元，建成 207 座供水站，解决了 21.1 万农村人口的饮水难问题，在全国率先实现“村村通水、站站消毒”。2008 年 1 月，水利部部长陈雷亲临余姚考察，并于同年 6 月作出批示：“余姚的农村饮用水安全工程建设和管理抓得实，值得各地借鉴。”

从 2009 年开始实施农民饮用水提升工程，2011 年编制完成《余姚市四明山区片区供水保障能力提升工程规划（2012—2016）》，计划用 5 年时间再投资 1.3 亿元，在 70 个山区村扩建水源、改造输水管网，在全省率先启动实施农村供水提升工程。2009—2013 年累计投入 1.06 亿元，改造供水管网 728 km，提高了 10.44 万人供水保障能力（见表 6-2）。

表 6-2 2009—2013 年农民饮用水提升工程统计

年 份	总投入（万元）	改善人口（万）
2009	429	1.08
2010	3 300	2.70
2011	—	—
2012	3 500	3.46
2013	3 400	3.20
合 计	10 629	10.44

第三节　推广公厕节水器

城乡公共厕所普遍存在浪费水的现象，浪费的是更珍贵的自来水，且尚未引起全社会的重视，成为生活节水的盲点。余姚在2009—2012年，安装公厕节水器1 604个，其中22所学校772个，5个环卫站165个，27个村471个，25家工厂196个。节水器安装成本平均1 200元/个。据调查，平均每个节水器一年节水703 m^3（见表6-3），节省水费1 758元，8个月即可收回成本，累计节水329万m^3，今后每年可节约自来水113万m^3。历年安装情况及节水量见表6-4，节水器见图6-1，公厕节水是余姚生活节水的亮点。

表6-3　公厕节水器节水量调查

名　称	装前用水（m^3/（个·月））	装后用水（m^3/（个·月））	节　水		调查数（个）	年节水量（万m^3）
			（m^3/（个·月））	比例（%）		
马渚镇	283	121	162	57	23	4.47
泗门镇	81	33	48	59	55	3.17
同光村	48	19	29	60	19	0.66
胜一村	105	34	71	68	22	1.87
余姚中学	39	14	25	64	45	1.35
平均/合计	111	44	67	60	164	11.52

注：每个节水703 m^3/年、59 m^3/月。

表6-4　节水器历年安装情况及节水量调查

年　份	新安装(个)	累计装(个)	累计节水(万m^3)
2009	20	20	1.41
2010	200	220	15.47
2011	1 017	1 237	86.96
2012	367	1 604	112.76
2013	—	1 604	112.76
合 计	1 604	4 685	329.36

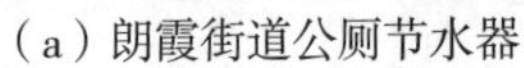
（a）朗霞街道公厕节水器

（b）朗霞街道公厕外观

图 6-1　节水公厕

第七章　雨水利用

雨水是一种优质水源，具有就地收集、就地利用的优点，是非常规水中开发成本最小、使用最方便的水源。余姚从2001年初开展农业大棚雨水利用，通过集蓄棚外雨水用于棚内滴灌水源。由于雨水溶氧高、细菌少、水质好，“雨水滴灌”成为绿色农产品生产的新措施，当时的宣传口号为“给蔬菜喝天落水，让大家吃放心菜”。

近十多年来，余姚把雨水利用扩大到畜牧养殖场和工厂企业。通过收集屋顶雨水，用于畜禽场冲洗和降温、工业冷却水，以及清洁卫生和绿化浇灌，为企业节省了自来水，既节约了生产成本，又减轻了公共供水系统的负荷。至2012年末，余姚共有雨水收集面积31.5万m^2，年可集蓄利用雨水约30万m^3。余姚的雨水利用情况于2013年7月在第16届国际雨水利用大会上，以“中国余姚雨水利用实例”为题作了介绍，受到国内外专家的好评。

第一节　农业雨水利用

光明农场。该农场建于2008年，面积30亩，种植大棚葡萄和苗木。棚内装滴灌系统，棚外建容积260 m^3的水池，收集大棚雨水，用作棚内葡萄滴灌和苗木微喷灌水源（见图7-1）。

（a）农场大棚雨水池

（b）葡萄棚内雨水滴灌

图7-1　光明农场雨水滴灌

全华农场。全华农场大棚面积2 hm^2，棚内安装滴灌系统，在棚外建雨水收集系统，建一个 200 m^3 的雨水池 (见图 7-2)，集蓄雨水用作大棚内番茄等蔬菜滴灌水源。雨水细菌少，作物发病少，用药少，成为绿色蔬菜生产的重要环节。雨水溶氧高，促进根系生长快，雨水滴灌的番茄、青瓜特别鲜，成了市场上的“抢手货”，种植大户高兴地介绍：“我的大棚产品，只愁种不出，不愁卖不出，其实也不愁种不出！”

图 7-2　大棚雨水收集池

第二节　牧业雨水利用

城西牧场。城西绿色牧场建于 2002 年，占地面积 38.5 亩，其中猪舍 14 幢，总面积 1.2 万 m^2。现存栏生猪 5 000 头，其中母猪 550 头，年出栏生猪 1.2 万头。牧场地势较高，没有河水和井水可以利用，原来全部用自来水冲洗猪圈，浪费了宝贵的自来水，生产成本很高。2009 年在猪舍之间建雨水池 8 个，容积 820 m^3，集蓄舍顶雨水并就近用于猪舍。2012 年在新建养殖楼房的房顶建成 1 个水池，容积 750 m^3，还增 3 个地面水池，容积 1 680 m^3，收集楼顶雨水，并把附近一个山坡的雨水引入地面水池。同时铺设管道，把 12 个水池全部连通，用水泵把从山坡引入的雨水送到各个舍间水池，形成一个雨水供水系统，全年集蓄雨水 6.7 万 m^3，替代自来水用于猪圈冲洗、猪舍降温和牧场环境卫生，占总用水量的 2/3，一年可节约生产成本 30 万元。城西牧场雨水利用如图 7-3 所示。

（a）地面雨水池

（b）牧场屋顶水池

图 7-3　城西牧场雨水利用

逸然牧场。逸然牧场于 2011 年新建猪场大棚 2.5 万 m^2，年出栏生猪 3 万头，在猪场地下修建蓄水池（见图 7-4）3 个，总容积 1 500 m^3，大棚外建雨水收集系统，集蓄雨水用于降温。地下水池水温低，夏天用于降温效果很好。

2013 年 7—8 月，余姚出现了罕见的高温，最高气温达到 44 ℃。8 月 6 日，笔者走访了该牧场总经理吴劲松，他介绍说："今年微喷灌设备效果特别好，这个时期幸亏有微喷，本来一天喷了 3 次（中午 2 次，傍晚 1 次）每次 5 ~ 6 分钟。现在室外气温超过 40 ℃，如不喷，室内 37 ~ 38 ℃，就每小时喷 1 次，一天喷 7 ~ 8 次，喷雾降温和排风扇结合，温度可降低 6 ~ 7 ℃。母猪特别怕热，如果死 1 头，损失 1 万多元。"

图 7-4　逸然牧场雨水池（路下）

第三节　工业雨水利用

长振铜业集团公司。长振铜业集团公司从建设之初就十分重视节水，在整个厂区地下铺设直径 1 m 以上管道和暗沟 3 500 m，成了"地下水库"，常年用于储蓄雨水。收集 5 万 m^2 厂房及厂区雨水，经过沉淀处理用于补充冷却水，年利用雨水 5 万 m^3。

2013 年 7 月 8 日，余姚经历了连续 50 天高温干旱，但该公司"地下水库"的雨水还没用完。仅隔 50 天，10 月 7—8 日，余姚遭受百年一遇的暴雨，公司厂区降雨达到 420 mm，"地下水库"几乎容纳了全部雨水，公司既没有出现内涝，也没有出现雨水外流，创造了奇迹，突显了雨水利用工程的综合效益。

长振铜业集团公司厂房雨水管和污水处理见图 7-5。

图 7-5　长振铜业集团公司厂房雨水管和污水处理

银环流量仪表公司。该公司于 2003 年搬迁到现址，由于厂区位于农村，厂区规划时就考虑到如不采取节水措施，企业用水量大，必然与周边农户生活用水产生矛盾。征询了笔者意见后，在新厂房建了地下蓄水池，同时建成雨水收集管道和水沟，在厂区建成了一个雨水收集、沉淀、循环利用系统，收集的雨水用于流量仪产品检测和企业内 16 座厕所用水，年利用雨水约 1 万 m^3。这个年产值 4 000 多万元的企业年自来水用量仅 1 800 m^3，万元产值耗水量仅 0.45 m^3，为日本同行的 1/4。银环流量仪表公司雨水收集利用系统如图 7-6 所示。

（a）集雨大楼

（b）地下雨水池

图 7-6　银环流量仪表公司雨水收集利用系统

第八章　优化配置

早在2005—2008年间，余姚开展了《余姚市节水型社会技术支撑体系》专题科技攻关工作，将多项工程节水技术和非工程节水措施纳入节水型社会技术体系，正是在这个专题的鉴定过程中，水利部专家建议余姚申报“全国节水型社会建设试点”。

该体系从供水、用水、水环境改善的各个环节提高了水资源的整体利用效率和综合效益，体现了广义节水理念，为节水型社会建设领域探索了一套较为可行的技术支撑体系。该体系作为余姚市水资源供给安全保障体系和生态安全保障体系的重要核心技术，在余姚市经济建设和生态环境保护改善中发挥了重要作用，产生了显著的经济效益、社会效益和生态环境效益，在水资源和水生态环境上支撑了经济社会的可持续发展。仅应用“水库群与河网联合调度大系统优化技术”，可供水量就由原来的3.93亿 m^3 提高到4.54亿 m^3，增加了6 300万 m^3，增幅15%。又通过应用农业节水技术，年节水5000万 m^3，其中水稻薄露灌溉2 200万 m^3、喷滴灌1 300万 m^3、渠道防渗1 500 m^3。

第一节　陆埠水库—梁辉水库连通工程

陆埠水库集雨面积大，有55 km^2，多年平均径流量5 719万 m^3，正常库容1 830万 m^3，雨量稍大即产生溢流，每年有大量雨洪资源成为弃水，还导致下游农田受淹。

而相距仅7 km的梁辉水库，集雨面积相对较小，只有35 km^2，多年平均径流量3 221万 m^3，正常库容2 460万 m^3，经常处于低水位状态。

为充分利用雨洪资源，2001—2003年，余姚在两库水库之间开凿了梁辉水库从陆埠水库引水隧洞（见图8-1），全长7 067 m，投资7 464万元，实现了两库水量余缺互补，不愧为“一着好棋”。隧洞从2003年10月通水，至2013年年底，共引水1.2亿 m^3（见表8-1），年均1 200余万 m^3，减少陆埠水库弃水，同时增加了梁辉水库的供水能力。

表8-1　陆埠—梁辉水库引水情况

年 份	2003	2004	2005	2006	2007	2008	2009	2010	2011	2012	2013	合计
水量（万 m^3）	482	1 430	2 198	1 497	1 864	278	1 065	578	1 009	691	878	11 970

图 8-1　陆埠—梁辉水库输水管道

余姚还从 2009 年开始推进城乡供水管网连通工程，目前已建成城区多个水厂、多个水源耦合连通的供水保障系统。

第二节　余姚—慈溪供水工程

北邻的慈溪市是平原区，人口密度高，人均水资源量仅 578 m^3，相比余姚更缺水。本着“相互合作、有偿供水、互惠互利、共同发展”的原则，余姚从 2001 年起向慈溪有偿、有期、定额供水，比浙江东阳市向义乌市供水还早一年，是我国跨地区有偿供水的创新实践。协议确定：2001—2002 年日供水 3 万 m^3，年供水 1 000 万 m^3。2003—2015 年日供水 6 万 m^3，年供水 2 000 万 m^3。依照有偿供水的原则，慈溪向余姚一次性付折旧费 3500 万元，同时向余姚提供无息贷款 2 000 万元，至供水期结束归还。2001 年起原水价 0.28 元 /m^3（综合价 0.5 元 /m^3），5 年调整一次，2006 年调整为 0.38 元 /m^3，2011 年上调至 0.525 元 /m^3(综合价 0.75 元 /m^3)。

2001—2012 年年底总供水量约为 2.1 亿 m^3（见表 8-2），年均 1 611 万 m^3。同时余姚每年 7—8 月高温干旱期间从西邻的上虞市引河网水 1 000 万 ~ 2 000 万 m^3，用于农业灌溉和环境补水，水价为 0.12 元 /m^3，体现了优水、优价、优用，实现了优化配置。

表 8-2　余姚向慈溪供水情况

年份	2001	2002	2003	2004	2005	2006	2007	2008	2009	2010	2011	2012	2013	合计
供水量（万 m^3）	636	1 259	1 208	848	2 233	2 218	1 358	1 754	1 487	1 960	1 916	2 016	1 997	20 890

第三节　四明湖干渠泵站

四明湖水库总渠有两条分干渠，各有自流灌溉面积近万亩，需水库供水 1 000 多万 m^3。余姚于 2003 年分别在两干渠入口建 1 座泵站，各配口径 50 cm 混流泵 4 台（见图 8-2），总流量 4.5 m^3/s，提姚江河网水代替水库水灌溉，此举平均每年节约四明湖优质水近 1 000 万 m^3（见表 8-3）。

图 8-2　四明湖干渠泵站内景

表 8-3　四明湖干渠泵站提水量

年份	2004	2005	2006	2007	2008	2009	2010	2011	2012	2013	合计	平均（万 m^3/ 年）
提水量（万 m^3）	1 790	130	306	715	631	1 035	886	1 060	850	830	8 233	823

第四节　四明湖水库总渠“子母渠”

四明湖水库总渠设计流量 20 m^3/s、宽 20 ~ 30 m、容积 50 多万 m^3。总渠附近有近 5 000 亩自流灌溉面积，每次灌水得先把总渠放满，需水量近 50 万 m^3，而实际用水量不大，所以浪费了大量的库水。2011—2012 年余姚投资 5 700 多万元，实施了四明湖干库总渠“子母渠”工程，就是在总渠（母渠）内新建了一条长 10.2 km 的小渠道（子渠 2 m^3/s），并建了泵站，用子渠进行提水灌溉（见图 8-3），这样全年又可节约四明湖优质水近 1 000 万 m^3，这项设计获得国家发明专利。

(a)　　　　(b)

图 8-3　四明湖水库总渠“子母渠”

第九章　治污节水

治污是最大的节水，是解决水质性缺水、提高水资源利用效率的重要途径之一。余姚积极开展污染企业搬迁、八大行业专项整治、环保基础设施建设等工作，在减污节水的同时，确保了经济社会持续快速发展，实现了经济发展与水资源节约保护“双赢”。

第一节　污染企业关停搬转

早在1995年，余姚通过产业结构和工业布局的调整，实施城区的环境综合整治工作，把余姚江沿岸的重污染企业搬迁到靠近杭州湾的黄家埠工业园区。至2008年，关停搬迁余姚江沿岸污染企业150余家，沿江的工业污染源基本消除，削减入江COD达95%以上，使余姚江水质从劣Ⅴ类恢复至Ⅲ类，成为浙江省八大水系中治理最成功的典型。

同时，在小曹娥镇建立电镀企业园区，把全市电镀厂都搬迁至这个园区，并在园区内建设电镀污水处理厂，集中处理各企业产生的污水，解决了电镀行业污染问题。

第二节　污水集中处理

在加强企业治污的同时，以促进经济、社会与环境的协调发展为目标，积极开展环保基础设施建设。从2004年起共投入9亿元，先后实施了城市污水收集一期、二期工程，建设污水处理厂两座、滨海再生工业水厂以及乡镇污水主干管网等一批环保基础设施项目，铺设污水收集主干管190 km、输送管30 km，形成“二纵四横”覆盖全市的污水管网系统。

一、建设小曹娥城市污水处理厂

该厂余姚市城区及平原大部乡镇的污水处理任务，采用BOT模式运行。一期一批工程于2004年年底建成并运行，投资6 600万元，日污水处理能力为6万t。2010年实施一期二批工程，投资6 700万元，新增污水处理能力6万t/d，总能力达到12万t/d。2013年年底已动工实施二期工程，再扩建3万t/d，总规模达到15万t/d，同时对一期工程进行“提标”改造，预算投资9 100万元，计划于2014年10月完工。

二、实现城区污水纳管

2011 年开始，余姚把城区污水纳管工作列入政府考核范围，刚性目标为两年完成 1 000 家企业污水纳管。市委书记实地调查、现场办公，强调“加快污水纳管、造福姚城群众”，到 2013 年年底，已如期实现目标。城市污水处理厂污水处理量从 2010 年的 6 万 t/d 提升到目前的 9.8 万 t/d。

通过污染企业的关停搬迁及配套污水纳管等环保基础设施建设，有效削减了污水入河量，河道水体水质有了明显好转，从根本上缓解了水质性缺水问题。

三、重要饮用水源保护

从 2008 年开始，余姚财政每年安排 5 000 多万元，专门用于饮用水源保护，近 4 年中累计投入超过 2 亿元。饮用水源上游一批水环境保护工程建设相继完成。四明湖水库正常库容 7 946 万 m^3，是余姚最大的饮用水源。环湖污水收集系统的污水收集量从 2009 年的 350 t/d 提高到 2012 年年底的 2 200 t/d，每年向湖排放废水减少 80 万 t。陆埠水库上游 74 家酸洗发蓝油封企业和 2 家水煮笋厂实行全部关停搬迁，每年减少污水排放量 7.6 万 t。投资 600 多万元的陆埠水库上游 4.9 万 m^2 生态湿地一期工程完成，共种植各类植物 12 万株，有效地降低了氮、磷等有机物入库量，成为宁波地区饮用水源保护的一大亮点。

四、农村生活污水治理

饮用水源地上游农村生活污水治理快速推进，四明湖、梁辉、陆埠三大水库上游 16 个村完成污水纳管，年减少生活污水排放量 15 万 t。2010 年对上游 91 家“农家乐”实行整治，当年完成。余姚实施了山区垃圾太阳能处理模式，四明山地区 38 个行政村实现全覆盖。

第三节　建立城乡河道保洁制

余姚从 2005 年开始全面推行河道管理保洁（如图 9-1 所示）工作，全市河道保洁长度 2 333 km，保洁覆盖率达 100%。落实河道保洁人员 562 人，其中乡镇街道 452 人、城区河道 60 人、市级骨干河道 50 人，配置保洁船 20 艘，并落实专职保洁监督员 57 人。每年用于河道管理保洁的资金达 1 300 万元，实行农村河道每周“6 天 6 小时”、城区河道每天 13 小时保洁管理。河道保洁扮靓了

图 9-1　河道保洁

城乡容貌，改善了水质，良好的城乡水环境为余姚连续4年被评为“中国最具幸福感城市”奠定了基础。

第四节 开展新一轮河道疏浚

余姚市分别在20世纪90年代和21世纪初进行两轮河道疏浚，经近10年积淀，大部分乡村河道又出现淤积，水质差、蓄水少，排水不畅，在2010年余姚市人民代表大会上成为代表呼声集中的“热点”。市委市政府于当年8月发出《关于开展全市河道专项整治工作的实施意见》，决定对全市18个平原镇、街道河道进行新一轮疏浚，用3年的时间清除淤泥1 100万 m^3。到2013年年底，共疏浚河道1 675 km，占全市河道总长的70%以上，清除淤泥1 103万 m^3，完成投资1.9亿元，按时完成计划（见表9-1）。河道清淤不但净化水质、美化水环境，而且具有多蓄雨水、快速排水等综合效益。

表9-1 新一轮河道疏浚完成情况

年 份	长度(km)	清淤量（万 m^3）	投资（万元）	其中（万元）	
				市财政	镇、村
2011	439.4	334.9	6 028	2 364	3 664
2012	731.9	422.0	7 243	2 979	4 264
2013	504.0	345.8	6 044	2 442	3 602
合 计	1 675.3	1 102.7	19 315	7 785	11 530

第十章　宣传节水

余姚市十分重视宣传教育的巨大作用，结合环保模范城市建设等工作的开展，分别以“节水”和“环保”为主题，开展形式多样的宣传教育，引导全社会树立“水忧患”意识，形成了全社会共同参与的氛围。

围绕“节水”主题，开展多种形式的宣传，营造“知水、亲水、节水、护水”的良好社会氛围，初步构建了以日常宣传为主、重点宣传为辅的节水宣传长效机制。主要从以下几个方面开展工作。

第一节　媒体宣传

一、主流媒体宣传

在《余姚日报》和余姚电视台等主流媒体上发布“节约保护水资源，促进经济社会可持续发展”主题广告，常年在余姚电台播出节水公益广告。据不完全统计，仅经济型喷滴灌技术一项在《余姚日报》、《宁波日报》、《浙江日报》、《浙江科技报》等报纸上宣传就达 40 多篇（见表 10-1）。

表 10-1　《余姚日报》对喷滴灌的报道

年份	时间（月 · 日）	标　题	报 名	作 者
2001	11.24	大棚雨水喷灌示范区在黄家埠建成	《余姚日报》	郑杰锋
2002	2.1	给大棚蔬菜“吃天落水”	《余姚农村信息》	金德芝
2003	3.12	喷滴灌让鹿亭竹农笑开怀	《余姚日报》	陈振如
	6.15	杨梅林喝上“自来水”	《余姚日报》	陈振如
	7.30	余姚节水灌溉方兴未艾	《宁波日报》	罗涟浩
	8.9	大棚西瓜喷滴灌喷出高效益	《余姚日报》	陈振如
	8.21	避雨棚喷滴灌林山葡萄奏响绿色曲	《余姚日报》	苗瑜
	8.26	余姚积极推广喷滴灌技术	《浙江科技报》	奕永庆
	9.6	全市 2 500 亩竹山装上喷滴灌	《余姚日报》	陈福良 沈立铭

续表 10-1

年份	时间（月·日）	标　题	报 名	作 者
2004	2.15	经济型喷滴灌技术领先国内	《宁波日报》	罗涟浩
	7.24	余姚大力推广经济型喷滴灌	《浙江日报》	叶初江 龚宁
	10.14	余姚农民为何热衷喷滴灌	《中国水利报》	王磊
2005	8.16	经济型喷滴灌奏响农业节水增收凯歌	《余姚日报》	金素涟
	10.4	经济型喷滴灌登上国际讲坛	《宁波日报》	罗涟浩
	10.30	河姆渡 400 亩茶园喝上“自来水”	《宁波日报》	罗涟浩 陈振如
2006	6.21	竹山经济型喷滴灌亩增效五佰元	《浙江农村信息报》	孙之卉
	7.16	舜丰鸡场微喷灌降温效益	《余姚农业信息》	毛纪敖
	8.14	四明山花木喝上“自来水”	《余姚日报》	吕芳 王攀
2007	2.9	用喷滴灌设施装备农业	《余姚日报》	奕永庆
	11.16	喷灌雨露更壮苗	《余姚日报》	鲁银华
2008	1.7	养殖场用上喷滴灌	《浙江科技报》	杨小平
	6.10	竹笋、花卉、獭兔统统用上喷滴灌	《浙江科技报》	杨小平
	6.24	我市经济型喷滴灌技术给我们的启示	《浙江科技报》	沈华坤
	8.8	茅临生副省长来姚视察喷滴灌推广工作	《余姚日报》	胡建东
	8.10	让普通农户用得起喷滴灌	《浙江日报》	杨军雄
	8.23	市政府召开十四次常务会议审议并通过喷滴灌发展计划	《余姚日报》	胡建东
	9.10	这样的灌溉实用实在实惠	《浙江农村信息报》	袁卫
	10.10	今后四年全市将新增喷滴灌 6.2 万亩	《余姚日报》	鲁银华
	11.29	全省经济型喷滴灌现场会在姚举行	《余姚日报》	鲁银华
	12.5	加快经济型喷滴灌推广、促进农业发展方式转变	《余姚日报》	鲁银华
	12.24	宁波市农业节水现场会在余姚举行	《余姚日报》	罗余龙

续表 10-1

年份	时间（月·日）	标　题	报 名	作 者
2009	1.20	黄家埠镇积极推广微喷灌技术	《余姚日报》	罗余龙
	6.5	我省大力推广经济型喷滴灌	《浙江科技报》	杨小平
	10.12	余姚“喷滴灌”列入国家农业科技成果转化项目	《宁波日报》	罗涟浩
2010	4.16	喷滴灌助榨菜丰产丰收	《余姚日报》	杨怀铭
	6.3	丈亭镇喷滴灌让果蔬节水	《余姚日报》	吕　玮
2011	5.15	经济型喷滴灌获全国农业节水科技奖	《余姚日报》	鲁银华
	8.6	微喷灌，畜牧产业的助推器	《余姚农业信息》	范秀华
	8.28	喷滴灌技术架起农民增收致富金桥	《余姚科普》	邱学君
	12.17	我市喷滴灌面积突破 10 万亩	《余姚日报》	鲁银华
2012	1.4	《经济型喷滴灌技术 100 问》出版	《余姚日报》	沈华坤
	12.26	我市经济型喷滴灌技术是国际领先水平	《余姚日报》	沈华坤
2013	1.10	我市推广经济型喷滴灌技术纪实	《余姚日报》	沈华坤
	8.15	我市大力推广经济型喷滴灌技术	《余姚日报》	沈华坤
	8.29	我市节水型社会建设成效明显	《余姚日报》	沈华坤

2010 年、2011 年分别在浙江《农村信息报》、《余姚农村信息报》连载《经济型喷滴灌技术 100 问》达一年之久。2009 年在余姚电视台免费播放经济型喷滴灌宣教片 4 个月。还在公路、街道及社区树立广告牌（见图 10-1），宣传节水理念。

图 10-1　节水广告牌

二、群发短信

在每年 3 月 22 日群发短信宣传节水，各年度短信内容围绕主题“严格管理水资源，建设生态文明”进行编写，短信内容见表 10-2。

表 10-2　2009—2013 年“世界水日”群发短信主题

年 份	短 信 主 题
2009	节约水资源，保护水环境
2010	落实科学发展观，节约保护水资源
2011	严格水资源管理，保障可持续发展
2012	严格管理水资源，推进水利新跨越
2013	节约保护水资源，大力建设生态文明

第二节　开展主题活动

一、节水作品征集

2010 年面向全市中小学生开展节水主题宣传征集活动，以宣传画、宣传口号及身边的节水故事为内容。通过近一个月的活动，征集了宣传画 185 幅、宣传口号 1 300 余条、节水主题征文 486 篇，评选出优秀作品，向获奖者颁发了奖金，如图 10-2、图 10-3 所示。同时向参加活动的学校和学生赠送节水宣传资料、节水小册子 1 000 册，并组织学生观看节水宣传片，进行节水知识教育。

二、节水知识竞赛

2011 年，余姚市委宣传部、教育局、余姚日报社、妇联、共青团等六家单位和团体，联合在全市范围内开展为期两个月的节水知识竞赛活动，收集答题卡近 6 000 份。

图 10-2　节水宣传画

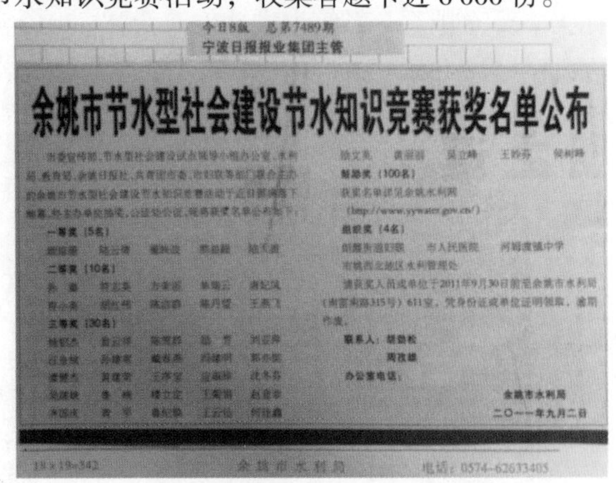

今日8版　总第7489期
宁波日报报业集团主管

余姚市节水型社会建设节水知识竞赛获奖名单公布

一等奖（5名）
二等奖（10名）
三等奖（30名）
(http://www.yywater.gov.cn/)
组织奖（4名）
余姚市水利局
二〇一一年九月二日
余姚市水利局　电话：0574-62633405

图 10-3　节水知识竞赛获奖名单

第三节　开展节水型学校、节水型家庭评选

2010年开始，余姚市教育局、妇联开展创建“节水型学校”、“节水型家庭”评选活动，其中东风小学、长安小学等荣获“节水型学校”称号，并评选300个节水型家庭。节水型学校创建文件见图10-4。节水型家庭评选文件见图10-5。

余姚市教育局文件

余教〔2010〕46号

余姚市教育局关于开展节水型学校创建活动的通知

各市属学校（单位）、乡镇（街道）教辅室、三中心学校：

随着经济社会的发展和构建和谐社会的要求，节能减排已列入国家重要战略决策。建设节水型学校是贯彻节能减排的具体行动。为更好地推进这项工作，树立惜水、亲水、爱水的良好习惯，经研究决定，拟在全市开展节水型学校创建活动，现就有关事项通知如下：

一、申报对象

全市范围内所有中小学校。

二、申报程序

1.申报。各单位结合本校实际，对照“余姚市创建节水型学校任务及考核表”，在自查的基础上自行申报，填写“余姚市节水型学校创建申报表”，于2010年10月20日前报送至市教育局团工委。

图10-4　节水型学校创建文件

余姚市妇女联合会
余姚市水利局　文件

余妇〔2010〕52号

关于表彰余姚市“节水型家庭”的通知

各乡镇、街道妇联、农办（水利站），经济开发区妇工委：

根据市妇联、市水利局联合下发的《关于开展余姚市“节水型家庭”评选活动的通知》（余妇〔2010〕38号）文件精神，2010年，全市家庭以“节水型家庭”创建活动为载体，积极参与到形式多样的节水行动中来，在建设资源节约型、环境友好型社会中发挥了重要作用，从中涌现出一批节约用水、保护环境、低碳生活的先进典型。为表彰先进，树立典型，进一步营造“勤俭节约、保护环境、关爱健康”的浓厚氛围，提高家庭生活质量，推动社会文明进步，市妇联、市水利局决定，授予凤山街道凤山社区宋菊英等100户家庭余姚市“节水型家庭”荣誉称号。

希望受表彰的家庭，珍惜荣誉，再接再厉，继续为节水事业做贡献。希望全市广大家庭要以先进为榜样，进一步增强节水意

图10-5　节水型家庭评选文件

东风小学成为全国绿色教育典型。东风小学长期坚持其绿色教育理念，从1995年编制第一套6个年级节水节能环保主题教材，到2006年编制了第四套节能环保主题教材（见图10-6）。学校认为从一个学生能够影响其周围的6个大人，从而带动家庭、社会对于节水、节能的关注。正是由于对环保教育理念的坚持，该学校赢得了全国特色学校、全国绿色学校、全国教育系统先进单位等荣誉，2010年12月获全国低碳生活文明奖一等奖，2011年4月学校受邀参加联合国第六届“全球人居环境论坛”。东风小学参加全国绿色学校活动现场见图10-7。

图10-6　东风小学第四套节能环保教材

图10-7　东风小学参加全国绿色学校活动现场

第十一章　资金保障

节水型社会建设需要巨额资金投入，仅靠财政投入如同杯水车薪。余姚市在全国节水型社会建设试点期间，涉及节水项目建设共完成投入约31亿元（见表11-1），投资额度之高、建设力度之大、涉及范围之广前所未有，其中各级财政投入11.3亿元，仅占36%，主要靠社会融资。

表11-1　余姚市节水型社会试点建设资金投入

项目		项目名称	项目内容	投资（亿元）
农业	（1）	经济型喷滴灌	新建喷滴灌7万亩、养殖场喷灌23.2万 m^2	0.79
	（2）	节水输水工程	新建四明湖总渠"子母渠"10.2 km	0.57
	（3）	防渗渠道	新建、改造防渗渠500 km	1.25
工业	（1）	企业节水减排	印染、电镀等8个行业近2 000家企业节水减排改造	4.16
生活	（1）	山区农村供水提升	管网改造742 km、水源工程8处	1.06
	（2）	平原农村供水改造	"一户一表"改造9.1万户	1.55
	（3）	城区背街小巷	管网改造7 500户	0.13
	（4）	城乡公厕	安装公厕节水器1 604个	0.019
其他水源	（1）	朗迪公司	建成雨水集蓄场1万 m^2	0.008
	（2）	城西牧场	建成雨水集蓄场3万 m^2	0.012
	（3）	再生水厂	新建滨海再生水厂及管网11.8 km	0.60
生态环境	（1）	生态河道	整治河道36条	7.1
	（2）	饮用水源保护	完成四明湖等4座水库上游截污工程	2.2
	（3）	乡镇污水收集	完成13个镇街道集污管道210 km	8.9
	（4）	河道疏浚	清除淤泥1 106万 m^3	1.93
	（5）	河道保洁	2 333 km河道日常保洁管理	0.63
合　计				30.909

第一节　组建投资公司

为解决巨额投入与有限财政之间的矛盾，余姚市积极创新投融资体制，成立了以水资源投资开发公司及城市投资开发公司为主的投融资平台，公司以盘活现有国有资本，建立投入产出良性机制，拓宽筹融资渠道，保证节水型社会建设和重点节水工程建设资金需要。如在最良江整治、海涂围垦、牟山湖整治等重点水利工程实施过程中，通过围垦造地、利用级差地租、土地使用权出让等，实现了“以水养地、以地养水、滚动发展”的目的，既保证了水利重点工程建设的需用资金，又使水投公司还有能力去不断组织新的建设项目，走出了一条“建设—经营—管理—再建设”的良性循环之路。水投公司从成立之初的注册资金 2.6 亿元，发展到 2012 年末的总资产 134 亿元、净资产 68 亿元、银行贷款 56.8 亿元。参与项目建设 44 个，完成投资 70 亿元。另外，实施水资源市场化运作，保障投资公司资本积累。把水作为商品，实现水资源使用权有偿转让。早在 2001 年，余姚市政府和慈溪市政府签订了有偿供水协议，供水期限 15 年。从 2001 年 7 月 1 日起，由余姚向慈溪供应优质水，在全国率先实践水资源使用权有偿、有限，多方筹措资金，完善投融资机制。通过争取政策资金、无形资产变资金、资本运作筹资金、经营项目引资金等融资渠道，完善投融资机制的运作，两大投资公司融资偿还能力不断提高，形成了良性循环，为节水型社会建设的全面推进提供了雄厚的资金保障。

第二节　引进 BOT 模式

BOT 是 Build（建设）—Operate（经营）—Transfer（移交）的缩写，是政府利用非政府资金来进行非经营性基础设施项目的一种融资模式。

余姚市与复旦水务合作，采用 BOT 模式，先后引进资金 1.33 亿元，于 2004 年、2010 年建成余姚市小曹娥城市污水处理厂一期一批、一期二批工程，设计日处理能力 12 万 t，2013 年已达到 10 万 t，目前正在实施一期工程“提标改造”和二期扩建项目，新增投资 9 400 万元，日处理能力将达到 15 万 t。

以相同的模式余姚市于 2005 年建成黄家埠滨海污水处理厂，投资 3 000 万元，日处理能力 3 万 t，负责该镇 12 家印染企业废水集中处理。目前已达到 2 万 t/d，正在实施提标改造工程，新增投资 3 850 万元。

以上两个污水处理厂共引入社会资金近 3 亿元（见表 11-2）。

表 11-2　复旦水务投资汇总

时间	项目名称	投资额（万元）
2003—2004	余姚市小曹娥城市污水处理厂一期一批	6 600
2009—2010	余姚市小曹娥城市污水处理厂一期二批	6 700
2013—2014	余姚市小曹娥城市污水处理厂二期扩建提标改造	9 100
2004—2005	黄家埠污水处理厂一期	3 000
2013—2014	黄家埠污水处理厂指标改造	3 850
合　计		29 250

第十二章　节水效益

2009年开展节水型社会建设试点工作以来，余姚市以保障经济社会快速发展和维系良好的水生态系统为目标，以提高水资源利用效率和效益为中心，采取行政、法律、经济、技术、工程等综合措施，节约与保护并重，试点工作取得了阶段性成效。与试点前的2008年相比，2012年全市万元GDP用水量由74 m^3下降到45 m^3，万元工业增加值取水量由32 m^3下降到17 m^3，工业用水重复利用率从64%提高到75%，亩均灌溉用水量从285 m^3下降至251 m^3，灌溉水有效利用系数由0.60提高到0.66，节水灌溉工程面积率由64%上升到72%，城市供水管网漏损率从15%下降至5.6%（见表12-1），试点终期的2011年18项指标全部达标。

表12-1　节水型社会建设指标完成情况

序号	控制指标	试点规划		2011年	2012年
		2008年	2011年		
1	用水总量(亿 m^3)	3.59	4.0	3.49	3.20
2	人均综合用水量 (m^3)	267	309	252	314
3	万元GDP用水量 (m^3)	74	65	53	45
4	计划用水比率 (%)	85	95	95	97
5	自备水源供水计量率 (%)	80	95	100	100
6	城镇生活用水定额 (L/d)	167	175	171	171
7	农村生活用水定额 (L/d)	118	120	118	118
8	节水器具普及率 (%)	60	85	85	87
9	居民生活用水户表率 (%)	90	95	95	95
10	灌溉有效水利用系数	0.6	0.66	0.66	0.66
11	农业节水灌溉面积率 (%)	64	70	70	72

续表 12-1

序号	控制指标	试点规划		2011 年	2012 年
		2008 年	2011 年		
12	亩均灌溉用水量 (m^3)	285	255	253	251
13	万元工业增加值取水量 (m^3)	32	30	19	17
14	工业用水重复利用率 (%)	64	75	75	75
15	城市供水管网漏损率 (%)	15	12	5.8	5.6
16	工业废水达标排放率 (%)	85	100	100	100
17	城市污水集中处理率 (%)	71	75	82	86
18	重要水功能区水质达标率 (%)	70	80	80	80

如图 12-1 所示，余姚市 GDP 总量由 2008 年的 485 亿元增加至 2012 年的 712 亿元，总用水量由 3.59 亿 m^3 下降为 3.2 亿 m^3，万元 GDP 用水量由 74 m^3 下降到 45 m^3，在保持经济平稳快速增长的同时，实现了提高用水效率、控制用水总量增长的目标，节水型社会建设效益显著。

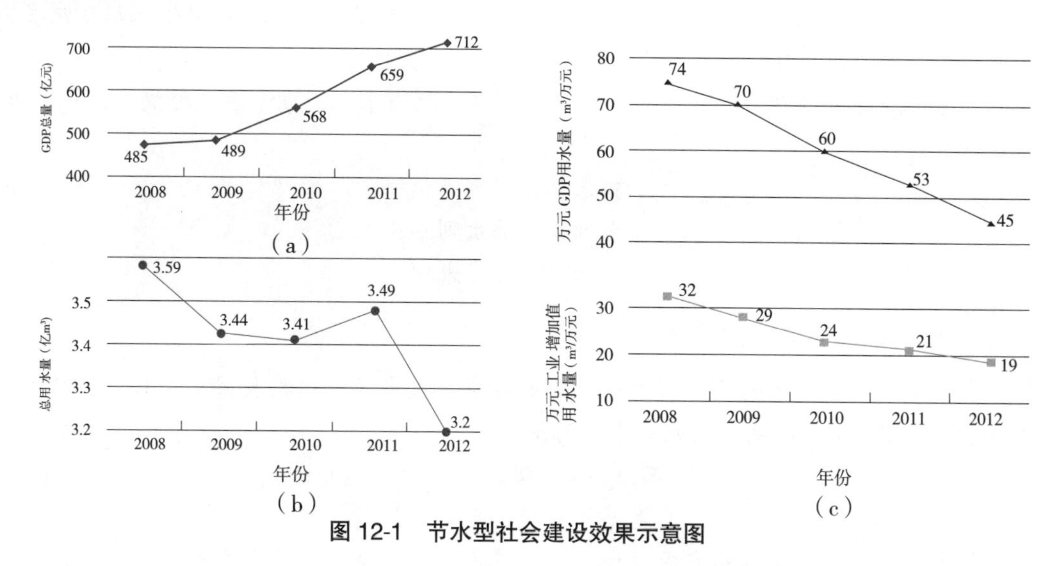

图 12-1　节水型社会建设效果示意图

附录一　水稻薄露灌溉技术

水稻薄露灌溉是形象化的名称，薄指灌溉水层尽量薄，一般在 20 mm 以下，“水盖田”即可；露指田面经常露出来，即轻度搁田，不再长期淹水。薄露灌溉是“灌薄水”和“常露田”互相交替。

第一节　技术原理

对于水稻薄露灌溉技术的原理，茆智院士说得非常经典：水稻需水并不是田面一定要有水，田面无水层并不表示土壤没水分。

一、水稻淹灌的弊病

传统的水稻灌水方法是淹灌，从插秧开始到结实成熟田间都灌满水，已有几千年历史，至今世界上绝大多数水稻仍然采用淹灌，水稻自然而然被认为是水生作物。

近半个多世纪以来，随着栽培技术的进步，人们逐渐认识到长期淹灌使水稻发病多、易倒伏，没有达到应有的高产。

20 世纪六七十年代浙江省有位农业劳动模范总结出水稻长期淹灌的弊病，形象生动，入木三分：

水稻水稻，以水养稻；
灌水到老，病虫到脑；
烂田割稻，谷多米少。

二、水稻“半水生性”的发现

农民发现靠近河边的稻田漏水快，田面经常没有水层，但稻长得反而好，稻秆硬，毛病少，谷粒饱满产量高，用农民生动的语言是：

一天灌二界（次），晚上搁过夜；
毛病是它少，产量是其高。

技术人员和善于动脑的农民发现，水稻根部不仅要有水，还要有氧气，因为根系需要吸入氧气 、排出二氧化碳等有害气体。如田面长期淹水，土壤氧气不足，而有害气体排不出，就会出现烂根，根系中充满生命力的白根就会变成黄根（生病），甚至黑根（死亡）。俗话说“根深叶茂”，根烂则叶萎，影响水稻产量。

由此得出的经验是：

水稻要水又怕水，灌水太多反有害；
三搁二晒反而好，干干湿湿产量高。

农技专家则由此发现：水稻是半水生作物！

三、“水面种稻”的启示

20世纪80年代，位于浙江杭州的中国水稻研究所专家展开了水面种水稻的试验，在浮体材料中挖孔，在孔中种稻，在稻根埋设缓释肥料，把浮体固定在水面，获得了亩产400多kg的好收成，这证明水面种稻在技术上是完全可行的，只碍于经济性尚不能推广，而作为“储备技术”。

水面种稻，不但种活，而且高产，给我们两点启示：

（1）水稻茎秆“一辈子”不淹水也能生长。

水面种稻，茎秆都在浮体的上面，整个生育期没有被水淹过，但还是正常生长，可见水稻不一定要“淹水”灌溉。

（2）水稻根系“一辈子”淹在水中，也能高产。

水面种稻，根系一辈子浸在水中，但因为湖泊或河道水体深达数米，容积大，溶氧量大，根系不存在缺氧问题，所以仍能正常生长。由此使我们感悟：根部水多本身“无罪”，而是水中缺氧才有害。

四、薄露灌溉的本质是“补氧”

土壤中维系作物生长的水、肥、气、热四大要素中，水是最活跃的，也是最容易控制的要素。

以水调肥——“肥随水走”，肥料只有溶化在水里才能被作物吸收，当然灌水太多，肥料就会随水流失。

以水调气——土壤中水与气体彼此消长，灌水太多，则氧气就少，控制水量则增加氧气。

以水调热——水的热容性比土壤大得多，控制水分可以调节土壤温度。

薄露灌溉是“灌薄水、常露田”。

灌薄水——是为土壤补充水分，薄灌是为了常露。

常露田——是为土壤补充氧气，露田就是田面无水层，接触空气，交换气体，即吸氧气，释放有害气体，所以中国水稻研究所专家又把薄露灌溉称为“好气灌溉”。

第二节　技术特点

20世纪六七十年代，我国农业科技工作者提出了水稻“浅灌勤灌”的方法，与长期淹灌相比，这是一个历史性的进步，但这种灌溉方法“定性不定量”，没有明确的灌水定额，特别是一个“勤”字，还是使水稻从插秧到收割田间一直不断水。后来提出了“晒田控制无效分蘖”与“后期干干湿湿”等措施，“晒田控制无效分蘖”措施提出了何时晒、晒到何种程度等具体指标，而“后期干干湿湿”这种措施就没有明确标准。作为薄露灌溉试验研究和推广示范的对照处理，设定浅灌勤灌为：时到或苗到晒田，黄熟期灌跑马水，其他时间基本保持田间不断水，最大水层 30 ~ 50 mm。这种灌溉制度有 80% 以上的时间田间不断水，处于淹灌状态。长期淹灌的最大弊病，就是土壤通透不良，腐殖质化容易产生大量的有机酸、酮等中间产物和亚铁、硫化氢、甲烷等还原性有毒物质，对作物及土壤中的微生物产生毒害作用，尤其对水稻的根系造成伤害，使根系活力下降，减弱根系对水分和养分的吸收，严重影响水稻生长发育及产量。

薄露灌溉改变长期淹灌的状态，有效改善水稻的生态条件，并明显减少灌溉水量，这是水稻栽培技术的一次革命!

一、增产优质机理

（一）土壤通气增氧、改善根系生长环境

薄露灌溉在水稻移栽后的第 5 天就落干露田，一般早稻露田 9 ~ 12 次，晚粳稻 12 ~ 16 次。露田时土壤水分减少，空气进入土壤孔隙，露田结束灌溉时，水中所含的氧气又随水分充入土壤孔隙并吸附在土壤中，增加土壤的氧气含量。随着淹水时间的延长，氧溶解减少，土壤中有机质的腐殖化产生还原性物质，逐渐造成缺氧。多次土壤水的溶解氧测定结果见附表 1。灌水后当天含氧量为 7.8 mg/L，此后逐天减少，到第 5 天时仅 0.6 mg/L，以后则测不到含氧量。多次测定的规律大体相同，即灌后到第 6 天，土壤中的含氧量已耗尽。这还与土壤性状和肥力有关，黏性土壤和有机质含量较高的农田，溶解氧的消耗较快。因此，水稻薄露灌溉技术要点提出：连续淹水超过 5 天就要排水落干露田。实际上，第 5 天落干露田，根层土壤通过蒸发、渗漏，到土壤脱水，还需继续露田数天，空气才能进入土壤中。按要求每次灌水 20 mm 形成的稻田水层，不可能维持 5 天，只有遇到连续降雨，田间水量渐增，淹水才会超过 5 天，这时则要排水露田。

附表 1　淹灌土壤的溶解氧测定值

（单位：mg/L）

第 1 天 (6 月 7 日)	第 2 天 (6 月 8 日)	第 3 天 (6 月 9 日)	第 4 天 (6 月 10 日)	第 5 天 (6 月 11 日)	第 6 天 (6 月 12 日)
7.8	5.1	2.9	1.3	0.6	0

研究中对薄水层和深水层的含氧量也作了测定。在大气压力和风的波动作用下，空气中的氧不断充入表面水，但不易进入较深的水层。测定结果显示，薄露灌溉比深灌的水层含氧量高1倍以上。

薄露灌溉不仅使土壤通气，减少还原性物质，而且促进了好气性微生物的活动，促进有机质的矿物质化，有利于根系健康生长。根系生长好，吸收水分和养分的功能强，能促进地上植株的茎、叶生长粗壮挺拔，所以薄露灌溉有“强根法”之称。

根据分蘖末期、抽穗期与黄熟期多次根系调查分析结果（见附表2），薄露灌溉比淹灌的单株总根量多7条，白根量占63.8%，多16条；黄根量占24.1%，少5条；黑根量占12.1%，少4条。同时，薄露灌溉的稻苗根和茎比较粗壮。

附表2　早稻根系调查

处理	总根量（条/株）	白根			黄根			黑根		平均根径（mm/10根）
		根量（条/株）	占总量（%）	根粗（mm/10条）	根量（条/株）	占总量（%）	根粗（mm/10条）	根量（条/株）	占总量（%）	
薄露	58	37	63.8	9.6	14	24.1	7.8	7	12.1	9.3
淹灌	51	21	41.2	7.3	19	37.3	5.7	11	21.0	8.1

余姚市示范点1993年7月22日早稻收割时根系调查结果显示，薄露灌溉与淹灌相比较，单株水稻根系多5条，其中白根多12条，黄根少2条，黑根少5条，平均根粗达0.12 mm，单株根系鲜重达0.6 g，干重达220 mg。

各推广区根系调查结果均表明，薄露灌溉与淹灌的水稻根系具有较明显优势，充分显示了薄露灌溉技术的“强根法”特点，根系旺、茎叶茂，为高产打下基础。

（二）分蘖早、快，成穗率高

秧苗移栽大田后第5天便落干露田，采用除草剂的稻田在移栽后第9天左右落干露田。分蘖期至少有2次以上的露田，以增加土壤根层的通气增氧，促使根系迅速生长，吸收土壤中的养分功能强，分蘖就早且快。一般在移栽后的15天左右分蘖强度最大，分蘖高峰比淹灌提前5～7天出现，基本上是第一、二分蘖，分蘖早，节位低，成穗率高（见附表3）。

附表3　分蘖强度与有效穗率调查（晚稻）

处理	平均日分蘖量（株/丛）	最高苗数（万株/亩）	有效穗（万穗/亩）	有效穗率（%）
薄露	0.54	37.9	29.6	78.1
淹灌	0.41	38.4	28.1	73.2

薄露灌溉水稻分蘖早、快，日平均分蘖强度比淹灌大 0.13 株 / 丛，有效穗率比淹灌高 4.9%，亩增加稻穗一般 20 000 个以上，增产率约 8%，见附图 1。

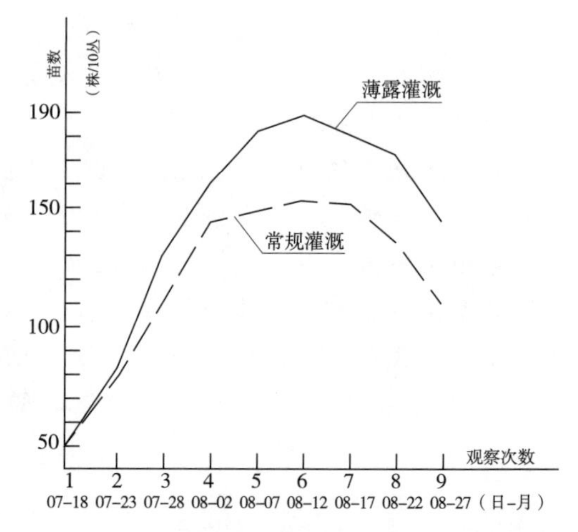

附图 1　水稻不同灌溉方法分蘖动态曲线

（三）吸收养分多，为大穗创造条件

薄露灌溉田间水肥流失少，肥料利用率提高，在孕穗初期，比淹灌的水稻平均单株茎粗大（离地面 10 cm 处）0.8 mm。水稻剑叶挺拔，厚实挺笃，穗大粒多，产量高。单株叶面积各生育阶段都比淹灌水稻大，前期分蘖快且早，叶面积大；后期养根保叶，功能叶好，单株绿叶面积亦大；中期单株面积仍然是薄露灌溉的大，但无效分蘖少，叶面积指数反而小于淹灌水稻。良好的叶片功能和合理的叶面积指数，反映出薄露灌溉的水稻能更有效地利用叶绿素吸收太阳光的能量，积累更多的有机物质。

分析附表 4 中薄露灌溉与淹灌水稻叶面积和干物质调查结果可以看出，叶面积高峰时，尽管薄露灌溉的单株面积比淹灌大 19 cm^2，但因无效分蘖少，叶面积指数反而小 1.0。收割时薄露灌溉的单株叶面积比淹灌大 24 cm^2，叶面积指数亦达 1.2，单株面积大，叶面积指数合理，光合率提高。孕穗期薄露灌溉比淹灌的水稻干物重达 4.4 g/ 丛，因此薄露灌溉的增产潜力大。据浙江省各示范点统计，平均穗粒多 4 ～ 16 粒，穗粒多形成的增产率在 4% 左右，增产潜力大。据浙江省各示范点统计，平均穗粒多 4 ～ 16 粒，穗粒多形成的增产率在 4% 左右。

附表 4　叶面积、干物质重调查（晚稻）

处理	叶面积				孕穗期干物质
	高峰时		收割时		
	单株面积 (cm^2)	指数	单株面积 (cm^2)	指数	
薄露	134	7.6	71	3.1	34.3
淹灌	115	8.6	47	1.9	29.9

（四）养根保叶、提高粒重

薄露灌溉的后期加重露田程度，使根层土壤更多地接触空气，增强根系活力。当复灌薄水后，有效地吸收一定量的水分供最后3片叶光合作用，产生更多有机物。落干露田时，有效地减少田间相对湿度8%～10%，对防止纹枯病有明显效果，一般发病率减少30%以上，病情减轻4～9倍（见附表5）。病虫害明显减轻，使得3片功能叶生长健康，增加了灌浆速度，干物质积累多。

附表5　早稻纹枯病害调查表（余姚市，成熟期）

处理	调查总数（片）	纹枯病等级			发病率(%)	病情指数
		0级	1级	2级		
薄露	252	241	9	2	4.4	0.026
淹灌	258	156	82	20	39.5	0.24

早稻和杂交晚稻的千粒重每增加1 g，每亩增产15～20 kg。粳稻千粒重每增加1 g，能增产10～15 kg/亩，根据各示范点统计，薄露灌溉比淹灌增加千粒重0.8～1.4 g，个别甚至增加3 g左右，这方面的增产率在2%左右。

（五）米质优化原因

薄露灌溉技术还提高了稻米的品质，余姚市请中国水稻所化验结果显示，糙米率提高3.16个百分点，精米率提高3.28个百分点，蛋白质含量提高1.0个百分点，赖氨酸含量提高0.012个百分点，粗脂肪含量减少0.7个百分点。

米质优化原因有这样几条：

（1）土壤含水量影响作物产品质量。根据苏联科学家研究结果，土壤含水量影响农作物的产品质量，作物蛋白质的含量与土壤含水量成反比，淀粉、脂肪的含量与土壤含水量成正比。薄露灌溉使水稻生长期土壤含水量较低，故使米质蛋白质含量增加，而淀粉含量相应减少，脂肪含量也降低。

（2）呼吸作用减弱。作物白天主要为光合作用，把水和二氧化碳转化成以淀粉为主的有机物和氧气。夜间主要进行呼吸作用，吸入氧气，呼出二氧化碳，分解有机物所释放的能量。呼吸作用随温度的下降而减弱，白天阳光充足，气温较高，光合作用旺盛，制造的有机物多，夜间气温低，呼吸作用弱，分解的有机物少，这样“一多一少”积累的有机物就多，农作物的产量就高，品质就好。昼夜温差大的地区作物品质好，东北的大米质优，新疆葡萄特别甜就是这个理。

水稻薄露灌溉，大部分时间田面没有水层，土壤及田间小气候日夜温差加大，使稻米品质优化也不难理解了。

二、节水机理

（一）减少蒸腾发量

薄露灌溉多数时间田面无水层，露田的天数占大田生长期的 50% ~ 60%，有效地减少了水面蒸发，淹灌的水面蒸发变成了薄露灌溉的土面蒸发。由于土壤水分渐渐减少，根系吸收水分不充分，降低了蒸腾系数，同时薄露灌溉的无效分蘖明显减少，也减少了无效叶面蒸腾。蒸渗仪中有水层与无水层（土壤水饱和）的蒸腾发值测试结果表明，经过 4 天耗水，有水层的蒸腾蒸发量为 22.6 mm，无水层的蒸腾蒸发量为 16.8 mm，无水层比有水层减少蒸腾蒸发量 5.8 mm，减少率为 25.7%。

（二）减少渗漏量

薄露灌溉经常露田，露到一定程度时，土壤中重力水减少，相对的垂直渗漏量也减少。按灌溉试验规范要求埋设的无底、有底、淹灌、薄露灌溉四种组合的 A、B、C、D 测筒，连续 12 天观测结果见附表 6。

附表 6　测筒测试土壤渗漏量

（单位：mm）

时间（月.日）	A 测筒（水面蒸发）				B 测筒（水面蒸发与渗漏）				C 测筒（土面蒸发）				D 测筒（土面蒸发与渗漏）			
	水位	降雨	灌水	排水	水位	降雨	灌水	排水	水位	降雨	灌水	排水	水位	降雨	灌水	排水
9.3	30				30				土壤水饱和				土壤水饱和			
9.8		18.8				18.8				18.8		13.0		18.8		6.0
9.15	25.5				11.0						12.8				15.3	
耗水量	23.3				37.8				18.6				28.1			

薄露灌溉减少的田间垂直渗漏量为

$$(B-A)-(D-C)=14.5-9.5=5\ (mm)$$

即比淹灌减少渗漏量 5 mm，减少率为 34.5%。

（三）提高降雨利用率

一般而言，有水层的稻田遇降雨大多从田间溢出，有效利用雨量较少。薄露灌溉因田间水层很小或露田土壤水亏缺，遇雨不仅补充土壤亏缺量，田间还可蓄水，降雨利用量较多。梅雨季节，薄露灌溉对降雨的利用率更高。一般薄露灌溉比淹灌的雨量利用率提高 20% ~ 30%（见附表 7）。

附表 7　雨量利用和灌溉水量（晚稻）

处理	耗水量	雨　量（mm）			灌溉定额	
		降雨量	利用雨量	利用率 (%)	mm	m^3/ 亩
薄露	482.6	234.7	166.4	70.9	316.2	210.8
淹灌	596.9	234.7	124.7	53.1	471.9	314.6

由于水稻蒸腾蒸发量和田间渗漏量的显著减少，降雨有效利用率的提高，薄露灌溉的水量大幅度降低。

第三节　技术实施要点

一、技术要点

薄露灌溉技术归结起来，主要掌握如下 4 点：

（1）每次灌水在 20 mm 以下，水盖面田即可。

（2）每次灌水后都应自然落干露田，露田的程度要根据水稻生育阶段的需水特性而定。

（3）遇梅雨季节和台风期连续降雨，如田间淹水超过 5 天，要排水落干露田。

（4）防治病虫和施肥时，应服从农艺需要满足防虫治病害和施肥需要的水量。

在特殊情况下要改变灌溉水层，如早稻移栽时，遇冷空气南下，出现低温（15 ℃以下一般作物停止生长），由于移栽的秧苗通过拔、洗、插，根系严重受损，活力很差，容易受冻，灌水层要从 20 mm 增加到 50 mm 左右，深水层能阻挡夜间低温侵入表土根层，经试验实测，深灌比薄灌提高表土温度 1 ℃左右，起到调温作用，有利于减轻秧苗受冻。移栽时遇到高温，也要深灌降温，如早稻 28 ℃以上和晚稻 32 ℃以上气温，秧苗容易被高温灼伤，出现稻叶卷筒、叶片枯白等败苗，造成生育期延长，分蘖迟缓，成穗率降低。遇高温时，除尽量做到傍晚插秧外，还要深灌。实测资料证明，深灌比浅灌可降低根层土温 4 ℃左右。

要特别指出，在防治螟虫时，水层应比平常深一些。如薄露灌溉每次灌水在 20 mm 以下，当防治螟虫时，在施药之前田间水层必须灌至 30 mm。螟虫在水面之上咬破茎壁，钻入茎内吸取叶汁，破坏叶心，叶片便枯死，有的地方称“枯心苗”。所以，施药前先灌水至螟虫虫口上沿，施药后农药随水进入虫口，将螟虫杀死。如果仍用薄露灌溉方式，农药不能进入洞内，防治效果就不好。

近年不少地方采用抛秧种植。由于抛秧的稻苗没有返青期，不受低温与败苗的威胁，而且薄露灌溉能促使抛秧的稻苗根系深扎，后期抗倒伏，因此薄露灌溉也完全适合于抛秧种植。

二、具体方法

为便于农民记忆，薄露灌溉方法可以简单表述：

每次灌水尽量薄，半寸左右“瓜皮水”，
灌水以后须露田，后水不可见前水。
灌溉水层同样薄，露田程度有轻重：
返青期间应轻露，将要断水就灌水；
分蘖末期要重露，“鸡爪缝”开才灌水；
孕穗至花开，对水最敏感，
怕干不怕薄，活水不断水。
结实成熟期，露田要加重，
间隔“跑马水”，裂缝可抽烟。

根据水稻生长期，露田分为三个阶段：

（1）前期：前轻后重。它是移栽后经返青期和分蘖期至拔节期，主要为营养生长阶段，拔节期转入生殖生长。这一阶段首先要明确第一次露田的日期与程度，最佳时间是移栽后的第 5 天，田间以呈自然落干的状况最为理想。若田间尚有水层，则要排水落干，表土都要露面，没有积水，肥力稍好的田还会出现蜂泥，说明表土毛细管已形成，氧气已进入表土，此时可复灌薄水，如此一直至分蘖后期。在分蘖量已达 30 万丛 / 亩，或每丛分蘖已有 13 ~ 15 个，且稻苗嫩绿，还有分蘖长势的情况下，要加重露田，可露到田周开裂 10 mm 左右，田中间不陷足，叶色退淡。此时切断土壤对稻苗根系的水分与养分的供应，使稻苗无能力分蘖，这叫重露控蘖。拔节期仍每次露田到开微裂时再灌薄水。

薄露灌溉容易长草，应使用除草剂除草。移栽后第 4 ~ 5 天应施下除草剂，并要保持 4 ~ 5 天的水层。若不到 4 ~ 5 天，自然落干效果也可以，因落干后药剂粘在土面上，草芽同样会死亡。采用药物除草，先要灌足能维持 4 ~ 5 天的水量，则采用除草剂的稻田第一次露田时间要推迟 4 ~ 5 天，也就是要在移栽后的第 9 或 10 天才可第一次露田，这次露田程度可重一点，与不用除草剂的第二次露田程度一样，即当表土开微裂时再灌薄水。

（2）中期：轻搁不断水。孕穗期与抽穗期的茎叶最茂盛，是需水高峰期，只要土壤水分接近饱和就能满足此时期植株的生理需水量。所以，落干程度比前期略轻，每次露田到田间全无积水，土壤中略有脱水时就复灌薄水，尽量不要使表土开裂。此时期如遇雨，要打开田缺，自然排水，田间不能产生积水。如果遇纹枯病暴发，除及时用药物防治外，还可加重露田，以降低田间的相对湿度，有利于抑制纹枯病等病害。

（3）后期：重搁“跑马水”。水稻进入乳熟期与黄熟期渐渐转入衰老，绿叶面积随之减小，蒸腾量亦慢慢减少。但水稻还需一定的水分，以供最后三片叶的光合作用，制造有机养分，并把土壤中的养分与植株各部位积存的有机养分输送到穗部。这就要求根系保持一定的活力，达到养根保叶。该时期要加重露田程度，使氧气更易进入土壤中，减少有毒物的产生，保持根系活力，才能使茎叶保持青绿。乳熟期每次灌薄水后，落干露田到田面表土开裂 2 mm 左右，直至稻穗顶端谷粒变成淡黄色，即进入黄熟期，落干露田再加重，可到表土开裂 5 mm 左右时再灌薄水。

（4）收割前：提前断水。经多次试验证明，断水过迟会延迟成熟，造成割青而影响产量。断水过早会造成早衰，灌浆不足。所以，断水过迟或过早都会造成减产，且米质易碎，整米性不高，出米率低。提前断水时间与当时的气温、湿度有很大关系。气温高、湿度大，提前断水时间短一些，相反则长一些。如果气温高、天晴干燥，早稻适宜提前 5 天断水，晚稻宜提前 10 天断水。如气温不高，经常阴雨，早稻提前 7 天、晚稻提前 15 天断水。

附录二　经济型喷滴灌技术

经济型喷滴灌有两层含义：一是设计创新、成本降低、造价经济；二是应用创新、功能扩大、经济效益好；二者之比产出投入比高，即经济性好。

第一节　基础理论

理论指导实践，经济型喷滴灌是理论与实践相结合的典型技术，得益于20世纪90年代成熟的三项技术。

一、创造学

创造学原理有很丰富的内容，但对笔者影响最大的是其中一个观点——简单的往往是先进的，只有简单才能降低造价。从控制论认识，唯有简单才能减少故障，提高可靠性，即使原理复杂，但使用一定要简单。

创新是否伟大不取决于是否复杂，而取决于它对推动人类进步的贡献，“铅笔和飞机同样伟大”，有人没坐过飞机，但从幼儿园到离退休都用过铅笔，铅笔对人类的贡献丝毫不亚于飞机。拉链很简单，但它却是20世纪100项伟大发明之一，一个年轻人的衣服、手提包上可找出15条拉链，可见对改变人类生活方式贡献之大。

当代创新巨匠乔布斯也同意这个观点：“我的秘诀就是聚焦和简单，简单比复杂更难，你的想法必须努力变得清晰、简洁，让它变得简单，因为你一旦做到了简洁，你就能移动整座大山。”

二、技术经济学

技术经济学是学技术的人学经济，搞设计的人学算经济账，在设计的同时作成本分析，成本超过预期就改变设计思路，使设计和成本两者交融。

技术经济学的核心是在保证工程或产品功能的前提下，使材料设备成本和运行成本最低。

技术经济学的目标既是在技术先进条件下的经济合理，又是在经济合理基础上的技术先进，使技术的先进性和经济的合理性完美结合。

三、优化设计学

优化设计是对传统“安全设计”思想的时代进步，主要解决两类问题：一类是从大量可行方案中选出最优方案；一类是为已确定的设计方案选定可行的最优参数。传统的设计思想是“越安全越好”或“安全点总不会错”，如按照这个老观念设计飞机，那么飞机就根本飞不起来。优化设计是一种全新理念：“够安全就好”，“过度安全就是浪费”！优化设计就是杜绝浪费。

第二节　技术创新

经济型喷滴灌是创造学理念、技术经济学原理、优化设计方法在喷滴灌工程设计中的应用，是对系统的每一种材料、每一种设备作技术经济和价值分析，避免浪费，以达到优化设计，使工程的造价降低 50% 的一种设计理论和设计模式，总结为以下“十化”。

一、单元小型化

单元小型化即一座泵站或一套水泵机组所灌溉的面积合理地小。有两种单元：第一种是 75 亩左右，不超过 100 亩，单元内采用轮灌，轮灌面积为 5 亩左右，即轮灌次数为 10 ～ 20 次，配口径 50 mm 水泵、4.5 kW 电机（平原）；第二种为 150 亩左右，尽量不超过 200 亩，轮灌面积 10 亩左右，配口径 65 mm 水泵、11 kW 电机。

单元小型化是“经济型”的基础。

（一）控制了主管道成本

管道成本占整个喷滴灌系统的 50% 以上，其中主管道成本占 2/3，而主管道的直径由轮灌面积决定，单元小型化把轮灌面积控制在 10 亩以内，使主管的直径控制在 110 mm，这就抓住了节约成本的主要矛盾（见表 1）。

表 1　轮灌面积与干管成本的关系

轮灌面积（亩）	5	10	20	30	40	50
干管流量（m^3/h）	18	36	72	108	144	180
干管直径（mm）	75	90	125	160	180	200
干管单价（元 /m）	14	20	40	60	80	100
干管造价（元 / 亩）	150	250	500	750	1 000	1 250

注：1. 干管材料为 PE100 级，工作压力为 0.6 MPa，长度以 7.5 m/ 亩计。

2. 干管造价中包括管道成本相应安装费、间接费的 50%。

从表1可以看出，轮灌面积每扩大10亩，干管成本就增加250元/亩，即干管成本由轮灌面积决定，干管可节约的空间最大，因此笔者提出了“轮灌面积决定论”，其本质是灌溉单元小型化。

（二）避免了电力线路成本

轮灌单元小型化，面积不超过10亩，使用水泵电机不超过11 kW，在平原灌区可以利用现有的农用电力线路，避免了架电线、配变压器的投资，每亩可降低造价300～500元。

（三）控制了“管理半径”

这是笔者调查得到的，农民管理员要求从泵站到最远一个控制阀或喷头的行走距离为400～500 m，这是他们双脚行走的心理承受距离。笔者创新地定了一个名词——“管理半径”，150亩左右的单元正好符合农民的要求。

当然，单元小型化要有个基本条件，即水泵取水的水源，笔者的实践证明，无论是南方河网灌区、山地灌区，还是北方渠灌区、井灌区，以100～200亩为灌溉单元，在大多数情况下水源是有保证的。

2011年水利普查时发现，平原灌区原来口径为300 mm的泵站，灌溉面积400～500亩，现都已改成口径为150～200 mm泵站，灌溉面积100～150亩，已经自觉“小型化”了，也证明水源条件是客观具备的。

二、管径精准化

管径精准化即管道直径力求精确，管径太大浪费材料，太小影响过水流量，为了“恰到好处”，笔者有如下两项创新。

（一）提出“管道允许水头损失”新概念

受材料力学上“材料许用应力”的启发，提出“管道允许水头损失”这个新概念（$h_{g允}$），并得出其参数的计算公式：

$$h_{g允}=H-h_p-Z-h_{g支}$$

式中：H为喷滴灌系统总工作压力，m；H_p为喷头正常工作压力，m；Z为喷头到水源水面的高差，m；$h_{g支}$为预留的支管允许水头损失，m。

（二）推导出精准管径计算公式

把常规设计中计算管道沿程损失的公式（1）变形为公式（2）：

$$H_f=\frac{fLQ^m}{d^b} \tag{2}$$

$$d = \sqrt[b]{\frac{fLQ^{m}}{h_{g允}}} \tag{2}$$

式中：d 为管径，mm；b 为塑料管径指数，取 4.77；f 为塑料管摩阻系数，0.948×10^5；L 为管道长度，m；Q 为管中流量，m^3/h；m 为塑料管流量指数，取 1.77。

即式（2）直接表示为式（3）：

$$d = \sqrt{\frac{0.948 \times 10^5 \times L \times Q^{1.77}}{h_{g允}}} \tag{3}$$

式中包含了管道长度、管中流量、允许水头损失 3 个重要参数，由此得出的管径达到“精确”的程度，从定性的“经济管径”到定量的“精准管径”，避免了管道材料和水泵电机等设备的浪费。

对于管径的计算，初学者只有经过自己的计算才能真正理解。待有了一定的设计积累，则可以查表（见表 2）直至“心算”。从表 2 可以看出，管中流速为 1 ~ 1.5 m/s 是经济的，每百米管长允许水头损失控制为 2 ~ 3 m/s 是合理的。

表 2 塑料管水头损失表

外径 (mm)	水流速（m/s）										用途
	1.0		1.5		2.0		2.5		3.0		
	m^3/h	100i	m^3/h	100i	m^3/h	100i	m^3/h	100i	m^3/h	100i	
20	0.72	10.9	1.1	22	14	36.8	1.8	55			毛管
25	1.1	8.3	1.5	17.2	2.3	28	2.8	42			
32	2.0	5.8	3.0	11.7	4.0	19.7	5.2	29.7	6.2	40.6	支管
40	3.3	4.3	5.0	8.9	6.8	16	8.3	22	10	31.6	
50	5.2	3.3	7.8	6.7	10	11.1	12	16.7	16	23.3	
63	8.6	2.4	13	5.0	17	8.2	21	12.2	26	16.9	

续表 2

外径 (mm)	水流速（m/s）										用途
	1.0		1.5		2.0		2.5		3.0		
	m^3/h	$100i$	m^3/h	$100i$	m^3/h	$100i$	m^3/h	$100i$	m^3/h	$100i$	
75	13	1.9	19	3.9	26	6.4	32	9.5	38	13.2	干管
90	19	1.5	28	3.1	37	5.1	46	7.6	56	10.5	
110	28	1.2	41	2.4	56	4.0	69	5.9	83	8.5	
干管长	800 ~ 1 500 m		500 ~ 800 m		<500 m		用于自压喷滴灌				

注：1. 塑料管的直径均指外径，不同壁厚外径不变而内径变化，便于与管道附件连接。

2. $100i$ 为百米管长水力损失。

（三）管道耐压不必高于 0.6 MPa

管道的壁厚与可承受的压力等级成正比，其价格也与金属材料一样按重量计算，压力等级高、管壁厚，价格也高，同样外径的塑管，1.2 MPa 的价格是 0.6 MPa 的 1.9 倍。

喷灌系统的管道压力 0.6 MPa 足够（平原），微喷灌和滴灌 0.4 MPa 足够，因为管道制造设计中本身已有1.6 倍的安全余量，如在使用设计中再提高等级，不但浪费，而且有害，即过水断面小了。笔者计算过，1.2 MPa 管材比 0.6 MPa 的管材过水面积减少 17%。

三、管材 PE 化

管道材料种类很多，常见的塑料管就有聚乙烯（PE）管、聚氯乙烯（PVC-U）管、聚丙烯（PP-R）管，镀锌钢管又有热镀和冷镀两种，现简略说明。

（一）聚乙烯（PE）管最理想

PE 管规范的产品呈黑色，外壁镶有天蓝色带，是近十几年中被社会认识的，其突出的优点是具有“韧性”和“柔性”，不易破损，汽车从上面开过后还能恢复原状。能适应复杂地形，节省弯头、接头等附件，且价格较低，埋于地下的理论寿命为50年，是目前最理想的喷滴灌管道材料。

（二）聚氯乙烯（PVC-U）管美中不足

PVC−U 管在过去 20 年直至目前仍是最常见的管材，有白色，也有灰色，其优点是价格低，管道附件规格齐全，可以用胶水联接，安装方便。但它最大的缺点是“硬性”和“脆性”，故美中不足，在压力的管道系统中已逐渐被 PE 管代替。

（三）聚丙烯（PP-R）管不宜用

PP-R 管一般为白色，镶有红色线条，管壁很厚。其特点之一是具有耐热性，使用温度可达 120 ℃，仅用于热水管道；特点之二是具有冷脆性，不宜在野外使用，且在三种塑料管材中价格最高，所以如把 PP-R 用到喷滴灌系统中则是用错了地方。

一家生产 3 种管材的塑料管材企业老总说："目前，凡是上水管道（自来水、喷滴灌）都用 PE 管，下水管道（排水）都用 PVC-U 管，聚丙烯（PP-R）管只在热水管中用。"这是很客观的表述。

（四）钢管只在裸露地面时用

钢管的优点是强度高，缺点是具有"锈蚀性"，影响水质、寿命短，而且价格高，口径 110 mm 及以内同口径管材，钢管高 2 倍以上（见表 3）。所以，只有无法埋入地下的局部管道才用镀锌钢管。镀锌钢管分为热镀和冷镀，相比较而言，热镀管镀层锌分子排列密实，抗锈蚀性能好，因此尽管热镀管价格略高，应优先选用。

表 3　PE 管与其他常见管材的价格比较

外径 (mm)	PE 管			PVC-U 管			PE-R 管			普通钢管（元/m）
	壁厚 (mm)	重量 (kg/m)	参考价（元 /m)	壁厚 (mm)	重量 (kg/m)	参考价（元 /m)	壁厚 (mm)	重量 (kg/m)	参考价（元 /m)	
25	2.0	0.16	3.0	2.0	0.23	3.1	1.8	0.13	3.9	9.1
32	2.0	0.20	4.0	2.0	0.29	3.9	1.9	0.18	5.4	13.5
40	2.0	0.25	5.0	2.0	0.36	4.9	2.4	0.28	8.4	18.5
50	2.4	0.32	6.4	2.0	0.45	6.1	3.0	0.44	13.2	22.2
63	3.0	0.57	11.4	2.0	0.59	8.0	3.8	0.70	21.0	28.2
75	3.1	0.82	16.4	2.2	0.77	10.4	4.5	0.99	29.7	38.3
90	4.3	1.2	24.0	2.7	1.14	15.4	5.4	1.42	42.6	47.6
110	5.3	1.8	36.7	3.2	1.65	22.3	6.6	2.12	63.6	62.0

注：$DN \leqslant 40$ mm 为 60 级，40 mm<$DN \leqslant 63$ mm 为 80 级，$DN \geqslant 75$ mm 为 100 级材料。

对于表 3，需要说明以下几点：

（1）经济型喷滴灌选用的都是小口径管道，所以本表仅列入 *D*25 ~ *D*110 8 种管径。

（2）PE 管国家标准谱系中 100 级 PE 管材不生产小口径管，所以选用 80 级 PE 管作为代表，公称压力均为 0.6 MPa，参考价为市场信息价，大致为 21.5 元 /kg。

四、干管河网化

南方河网、排水沟多，北方渠道多，都可以作为水源，就近取水，如果沿着河道、沟道，渠道再布置输水干管，那是很可惜的。在河边、沟边、渠边设置“进水栓”，由移动水泵机组供水，可以节省干管成本。

五、泵站移动化

首先，建造一座小泵房（10 ~ 20 m^2）需要资金 1 万 ~ 2 万元，分摊到每亩的造价是 150 ~ 300 元，同时还占用耕地 20 ~ 30 m^2；其次是大田喷灌泵站运行时间短，年使用时间仅 100 ~ 200 h，机电设备长期闲置，往往成为小偷作案的目标。我国已有成熟的喷灌专用泵移动机组（见表 4），6 马力的用手抬，12 马力装在胶轮车上拉，接上进水栓就可灌水，用完后放入仓库或者家里，既方便，又安全。

表 4　常用喷灌泵性参数表

型号	流量（m^3/h）	扬程（m）	配套功率		效率（%）	机组价（元）	适用
			kW	马力			
50BPZ3Z-28	12.5	28	2.2	3	48	3 360	微喷水带
50BPZ4Z-35	15	35	3	4	59	3 400	微喷、滴灌
50BPZ6Z-45	20	45	5.5	6	60	3 836	75 亩左右喷灌
65BPZ-55	36	55	11	12	64	4 685	150 亩左右喷灌
*65SZB-55	40	55	11	12	68.5	4 685	150 亩左右喷灌
80SZB-75	40	75	15	18	62	6 480	<30 m 山区喷灌

注：参考价为 2014 年 6 月市场价，参考价及性能参数由浙江萧山水泵总厂提供，机组包括水泵、动力机、机架、进水管。

也许有人担心劳力成本提高了。实际上露地喷灌一般每年只用 2 ~ 4 次，种三茬蔬菜也不过 6 次左右，实践证明农民是欢迎移动机组的。如把所有设备都固定在田间，特别是为了“形象”建豪华泵站，每亩投资 3 000 ~ 5 000 元，那样的工程根本推广不了，如搞不起喷灌，那才是真正的劳力成本高。移动机组设备利用率高，才是经济。即使是发达国家，田间固定的设备也不多，也是以移动为主的。其实，发达国家是最讲“投资效益的。

六、喷头塑料化

喷头材料有塑料和金属两大类。衡量喷头质量的重要指标是使用寿命。30年前影响喷头寿命的主要是摇臂断裂和弹簧疲劳失效。但在笔者使用喷头的近15年中，还没有发生摇臂断裂的现象，说明工程塑料性能和金属铸造工艺的成熟，剩下只有弹簧这个单因子，而喷头主件材料无论是塑料还是金属，用的都是同一种金属弹簧，疲劳寿命相同，所以两种喷头的寿命也已无明显差别。但塑料喷头的价格仅为金属喷头的1/4 ~ 1/6，且金属喷头往往是小偷的觊觎之物，有时“寿命”只有1 ~ 2天，故应尽量选用塑料喷头。只有在射程、流量不能满足要求时，才选用金属喷头。

七、微喷水带化

常规的微喷灌喷头安装有两种形式：一种是悬挂式，只有在大棚以内或有架子的地方才能用；另一种是地插式，会影响田间操作，加上每亩造价是喷灌的2倍以上，一般为2 500元左右，推广局限性很大，只能在大棚内和小面积应用。微喷水带是在薄壁（0.2 ~ 0.4 mm）PE管上打许多小孔，孔径为1 mm左右，水注满水带成为水管，丝状水柱从小孔喷出，对两边作物进行灌溉。水放空后呈扁状，故称为水带。

喷水带把微喷灌从小区域扩展到大田，具有以下优点：

（1）投资省。喷水带有多种规格（见表5），价格0.35 ~ 1.5元/m，每亩用带仅150 ~ 600 m，投资200 ~ 400元/亩，水带寿命2 ~ 3年，最长的已用到5年。

表5　微喷水带性能

规格型号		内径（mm）	壁厚（mm）	压力（m水柱）	喷洒宽度（m）	单带长（m）	参考价（元/m）
微滴带	N45异二孔	28.6	0.19	3 ~ 5	1.5 ~ 2	<50	0.35
微喷带	N60斜五孔	38.2	0.20		2.5 ~ 3	<70	0.65
	N70斜五孔	44.6	0.20		3	<80	0.75
加厚微喷带	N65斜五孔	41.4	0.35	5~8	4 ~ 5	<120	1.20
	N80斜七孔	50.9	0.40	8~10	8	<160	1.50

注：表中参数由浙江天台县农宝植物塑料滴管厂提供。

（2）不易堵塞。发生小孔堵塞时可以冲水排除。

（3）使用方便。灌水季节结束时收藏入库，既延长使用寿命，又不影响农业机械作用，是今后蔬菜喷灌发展的方向。

八、滴灌薄壁化

滴灌管（带）的价格与管壁厚度成正比，如同是口径 16 mm 的滴管（带），其价格大相径庭，相差 6 倍之遥（见表 6）。

表 6 滴灌管（带）壁厚与价格的关系

壁厚（mm）	0.2	0.4	0.6	1.0	1.2
2011 年参考价（元 /m）	0.25 ~ 0.45	0.6	0.8	1.2	1.5

注：表中产品规格和参考价由浙江省金华市雨润喷灌设备公司提供。

从管材的寿命而言当然应是壁厚的管材寿命长，“一分价钱一分货”。但决定滴灌管寿命的并不是管材破损，而是滴头的堵塞，堵塞问题是滴灌管的“致命伤”，不论管壁厚薄，只要其滴头结构相同，堵塞的概率也相同，并且早在管壁破损以前就堵塞，壁厚的功能远远没有发挥，所以提倡用壁薄管，其价格可以便宜 50% 左右，且使用寿命并不短。常用滴灌带性能参数见表 7。

表 7 内镶式滴灌带规格性能

管径（mm）	壁厚（mm）	滴头间距（m）	压力（m 水柱）	流量（L/（h·m））	铺设长度（m）
ϕ15		0.25	2	2 ~ 6	≤ 100
ϕ16	0.2	0.3 ~ 0.5	10	2.7	≤ 70
ϕ16	0.2/0.4	0.3	5 ~ 1.5	2.1 ~ 3.3	≤ 70
ϕ15.9	0.2	0.3 ~ 0.6	25 ~ 1.0	3.7	≤ 200(150)
ϕ15.9	0.4	0.3 ~ 0.6	25 ~ 1.0	3.7	≤ 200(150)

注：表中产品规格由浙江省金华市雨润喷灌设备公司提供。

九、肥药简约化

肥药简约化，就是施肥（药）的设备简单、集约、节约。利用喷滴灌设备施肥、施药带来革命性的变化，引入了一个全新的理念——水肥药一体化。

但对于加肥（药）设备则应避免选用几千元、几万元，甚至几十万元一套的进口设备，下面介绍两种简单的方法。

（一）负压吸入法

负压吸入法即利用水泵进水管的负压吸入肥（药）液，在进水管上钻个小孔，焊上相应口径的接头，接上球阀、软管，在软管进口处配上过滤网罩，放入搅拌好的肥（药）桶，最好配 2 套药桶和软管设备，以便轮流搅拌、连续供药。凡是水泵加压系统都可以用这种方式。在出水管上也同样打孔接软管，以轮流为肥（药）桶加水，如图 1 所示。

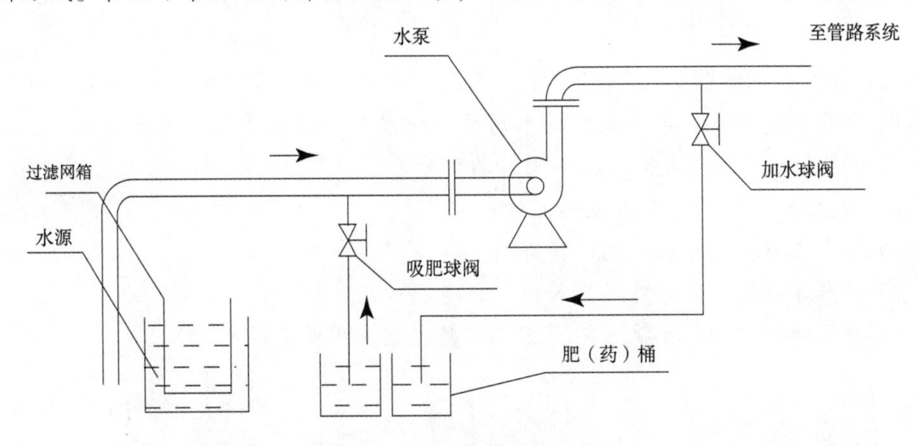

图 1 水泵负压式加药示意图

这种方法至今还看不出有什么缺点。在浙江省台州市的机电市场上，在售的一些微喷灌专用的“汽油机一体化水泵”，其进水管上都已配套打好孔，并配有加肥（药）的塑料软管作为水泵附件，使用非常方便。口径 50 mm，配 3 kW 电机，整套水泵的价格也不超过 500 元，有了这样的简约设备，就不必购置专用的肥（药）器了。

（二）文丘里管施肥器

将文丘里注入器与肥（药）桶配套组成一套简单的施肥（药）装置，如图 2 所示。其构造简单，造价低廉（一套“专用设备”才 50 ~ 80 元钱），使用方便。其原理是文丘里管内有个水射喷嘴，口径很小，射出的水流速度很高，根据流体力学的特性，高速流体附近会产生低压区，正是利用这个低压把肥（药）液吸入。如果文丘里注入器直接装在干管道上，利用控制阀两边的压力差使文丘里管内的水流动（见图 2），但阀产生的水头损失较大，故应该将其与主管道并联安装（见图 3），用小水泵加压。

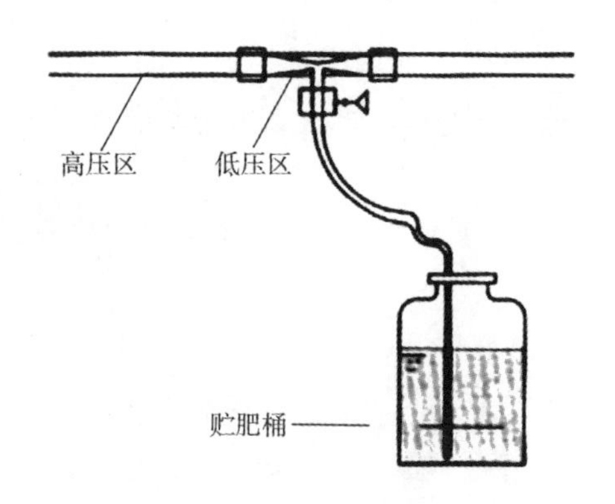

图 2　文丘里施肥（药）装置

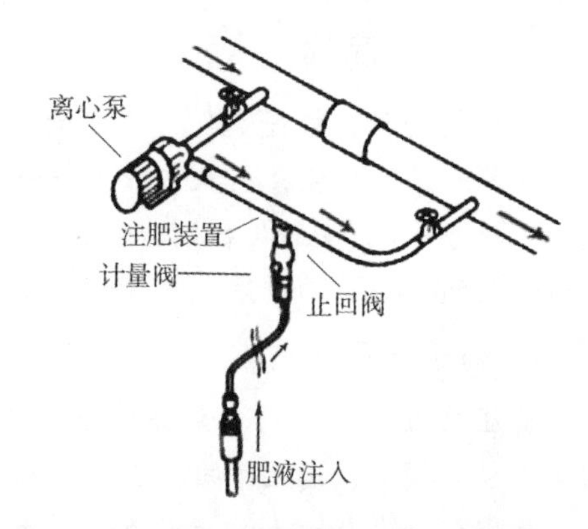

图 3　带水泵的文丘里施肥（药）器装置

十、微灌雨水化

利用大棚收集雨水用作棚内微喷灌或滴灌的水源，相对于河水、雨水是优质水。笔者从 2001 年开始建雨池，集蓄大棚雨水用于微喷灌或滴灌的水源（见图 4），当时还拟了“给蔬菜喝天落水，让大家吃放心菜”的口号。

大户从实践中总结了雨水微观的好处：

（1）雨水杂质少，滴头堵塞的情况减少，使用寿命长；

（2）雨水溶氧高，促进作物生长快、产量高；

（3）雨水细菌少，作物病害轻，棚内农药少施，实现了绿色食品。

图 4　混凝土雨水罐

第三节　应用创新

经济型喷滴灌不但应用于平原蔬菜、葡萄、草莓、西瓜，还创新地应用于水稻大棚育秧，以及山区竹笋、杨梅、红枫、樱桃、猕猴桃、铁皮石斛等共30多种作物；不但用于灌水抗旱，还创新地用于施肥施药、除霜除雪、淋洗沙尘；不但用于种植业，还创新地用于猪、兔、羊、鸡、鸭、鹅等畜禽养殖场消毒、降温；另外，还用于鱼塘、石蛙等水产养殖场增氧、施肥，以及蚯蚓养殖场增湿。

喷滴灌已从单纯的节水灌溉设备拓展为现代农业、现代畜牧业不可或缺的基础设施。

喷滴灌在节水的同时还产生了优质、增产、节本、治污等综合经济效益，典型农户效益调查简述于此。

一、节本增收

（一）平原作物

（1）蔬菜喷灌：增产、优质增收1 600元/亩，节约肥料、劳力成本900元/亩，合计年均效益2 500元/亩。

（2）葡萄滴灌：优质增收2 400元/亩，节约肥料、劳力成本500元/亩，合计年均2 900元/亩。

（3）草莓滴灌：增产250 kg/亩，增收5 000元/亩，节约劳力成本1 200元/亩，合计年均效益6 200元/亩。

（4）水稻大棚育秧微喷灌：优质增收4 800元/亩，节约浇水劳力成本1 300元/亩，年均效益6 100元/亩。

（5）菜秧大棚微喷灌：亩产值12.5万元，保守净利2.5万元/亩，其中节约劳力成本4 500元/亩。

（二）山地作物

（1）茶园喷灌：优质增产净增收入，绿茶1 800元/亩、白茶3 000元/亩。

（2）竹山喷灌：仅冬笋增产180 kg/亩，价格34元/kg，增收6 120元/亩。

（3）杨梅喷灌：增产20%，亩均增收1 200元。

（4）石斛大棚微喷灌：亩产值4万元，其中节约浇水劳力成本5 200元/亩。

（5）茶苗大棚微喷灌：成活率提高，每亩净增收入7.5万元，同时节省浇水劳力成本3 500元/亩。

（三）畜禽养殖场

（1）猪场微喷：夏天减少死亡率，节约饲料、劳力、农药成本，年综合效益20元/m^2，而安装成本仅 7.4 元 /m^2。

（2）兔场微喷：总投资 45 万元，提高繁殖率、兔毛品质，增强疫病防控能力，节省劳力等，每年增收 38 万元。

（3）羊场喷灌：5 500 m^2 羊舍，微喷灌仅节省消毒劳力成本 2 元 /m^2，100 亩饲料草地，喷灌后增加黑麦草产量 25%，提高产值 1 320 元 / 亩。

（4）鹅场微喷：夏天鹅体重增加 0.5 kg/ 羽，售价提高 1 元 /kg，每羽鹅增加收入 13.5 元。

（5）蚯蚓场微喷灌：年增产增收 6 000 元 / 亩，其中节约劳力成本 1 050 元 / 亩，即 1.6 元 /m^2，而水带微喷灌安装成本不超过 500 元 / 亩。

二、节水治污

养殖业是农村的重点污染源，现在规模化的养殖场一般都建了沼气池，但其产生的沼液还没有正常的销路，溢到河里就成为污染。但沼液是优质的有机肥料，送到田里则是宝贝。余姚利用喷灌系统，把沼液送到田间，变废为宝，既消除了污染，又为种植户节约肥料成本，还提高了农产品质量，一举多得。沼液喷施是治理畜牧业污染最经济、最有效的措施。

下面例举用喷灌施沼液的三种类型。

第一，生根鹅场“自产自销型”。即鹅场产生的沼液用喷灌施到本场的饲料草地作肥料，成为循环农业的“雏形”，主人介绍，沼液与化肥混用可以节省成本 300 ~ 400 元 / 亩，而且提高了饲料草的产量和质量，叶面宽、叶面厚且草质嫩。

第二，黄坛蔬菜合作社“管道输送型”。该合作社 2012 年新建喷灌设施，面积 280 亩，同时建成一个 300 m^3 的沼液池，从 250 m 外奶牛场铺设一条管道，把该场的沼液直接泵送到沼液池，用喷灌送到田间，主人高兴地说“我们两家是共赢的”。奶牛场解决了沼液出路，蔬菜场解决了有机肥来源，他一年种三季菜，可节约化肥成本 1 000 ~ 1 200 元 / 亩，还节省劳力成本 600 元 / 亩，此举使合作社全年节约生产成本 47.6 万元。

第三，小曹娥镇政府“配送型”。即在种植大户田头建造肥料池，由镇农办组织 3 辆运肥车，负责从养殖场把沼液送到田头肥料池，也用喷灌喷施到田间。种植大户介绍说，他 200 亩的喷灌菜地，每亩一次可节省成本 2 万元。政府主导、市场运作，即每车沼液运送费 30 元，政府、养殖户、种植户各出 10 元，这种“配送型”是今后要推广的主要模式。

附录三　中国节水技术政策大纲

为指导节水技术开发和推广应用，推动节水技术进步，提高用水效率和效益，促进水资源的可持续利用，制订《中国节水技术政策大纲》(以下简称《大纲》)。《大纲》以2010年前推行的节水技术、工艺和设备为主，相应考虑中长期的节水技术。

1　总论

1.1　我国是一个水资源短缺的国家。人均水资源量约为2 200 m^3，约为世界平均水平的四分之一。由于各地区处于不同的水文带及受季风气候影响，降水在时间和空间分布上极不均衡，水资源与土地、矿产资源分布和工农业用水结构不相适应。水污染严重，水质型缺水更加剧了水资源的短缺。

1.2　水资源供需矛盾突出。全国正常年份缺水量约400亿 m^3，水危机严重制约我国经济社会的发展。由于水资源短缺，部分地区工业与城市生活、农业生产及生态环境争水矛盾突出。部分地区江河断流，地下水位持续下降，生态环境日益恶化。近年来城市缺水形势严峻，缺水性质从以工程型缺水为主向以资源型缺水和水质型缺水为主转变。城市缺水有从地区性问题演化为全国性问题的趋势，一些城市由于缺水严重影响了城市的生活秩序，城市发展面临挑战。

1.3　随着经济社会发展，用水量持续增长，用水结构不断调整。2003年农业用水(含林业、湿地等)占总用水量的比重已由1980年的88%下降到66%，工业用水由10%提高到22.1%，城镇生活用水由2%提高到11.9%。由于我国各地经济社会发展水平和水资源条件不同，用水结构差异显著。随着城乡生活及工业用水的增加，用水结构将进一步调整，对供水水质和保障率的要求更高。

1.4　节约用水、高效用水是缓解水资源供需矛盾的根本途径。节约用水的核心是提高用水效率和效益。目前我国万元工业增加值取水量是发达国家的5～10倍，我国灌溉水利用率仅为40%~45%，与世界先进水平还有较大差距，节水潜力很大。

1.5　国家厉行节约用水。坚持科学发展观，把节水放在更加突出的位置。国家鼓励节水新技术、新工艺和重大装备的研究、开发与应用。大力推行节约用水措施，发展节水型工业、农业和服务业，建设节水型城市、节水型社会。

1.6　采取法律、经济、技术和工程等切实可行的综合措施，全面推进节水工作。节水工作要实现“三个结合”，即工程措施与非工程措施相结合，先进技术与常规技术相结合，强制节水与效益引导相结合。

1.7　《大纲》重点阐明了我国节水技术选择原则、实施途径、发展方向、推动手段和鼓励政策。《大纲》用于引导节水技术研究、产业发展和节水项目投资的重点技术方向，促进节水技术的推广应用，限制和淘汰落后的高用水技术、工艺和设备，为编制水资源和节水发展规划提供技术支持。

1.8　《大纲》按照“实用性”原则，从我国实际情况出发，根据节水技术的成熟程度、适用的自然条件、社会经济发展水平、成本和节水潜力，采用“研究”、“开发”、“推广”、“限制”、“淘汰”、“禁止”等措施指导节水技术的发展。重点强调对那些用水效率高、效益好、影响面大的先进适用节水技术的研发与推广。

1.9　《大纲》所称节水技术是指可提高水利用效率和效益、减少水损失、能替代常规水资源等技术，包括直接节水技术和间接节水技术，有些也是节能技术、清洁生产技术和环保技术。

1.10　《大纲》为实现节水目标提供技术政策支撑。通过《大纲》的引导，争取在2005—2010年实现工业取水量“微增长”，农业用水量“零增长”，城市人均综合用水量实现逐步下降。

2　农业节水

农业用水量的90%用于种植业灌溉，其余用于林业、牧业、渔业以及农村人畜饮水等。尽管农业用水所占比重近年来明显下降，但农业仍是我国第一用水大户，发展高效节水型农业是国家的基本战略。

2.1　农业用水优化配置技术

农业用水水源包括降水、地表水、地下水、土壤水以及经过处理符合水质标准的回归水、微咸水、再生水等。通过工程措施与非工程措施，优化配置多种水源，是实现计划用水、节约用水和提高农业用水效率的基本要求。

2.1.1　积极发展多水源联合调度技术。大力推广各种农业用水工程设施控制与调度方法，高效使用地表水，合理开采地下水，在时间上和空间上合理分配与使用水资源，发展“长藤结瓜”灌溉系统及其灌溉水管理技术，实现“大、中、小，蓄、引、提”联合调度，提高灌区内的调蓄能力和反调节能力。

2.1.2　逐步推行农业用水总量控制与定额管理。加快制定各地区不同降水年型农业用水总量指标和不同灌水方法条件下不同作物灌溉用水定额，合理调整农、林、牧、副、渔各业用水比例。

2.1.3　建立与水资源条件相适应的节水高效农作制度。提倡发展和应用适水种植技术。根据当地水、土、光、热资源条件，以高效节水为原则，以水定作物，合理安排作物的种植结构以及灌溉规模。限制和压缩高耗水、低产出作物的种植面积。

2.1.4　发展井渠结合灌溉技术。推广和应用地表水、地下水联合调控技术；提倡井渠双灌、渠水补源、井水保丰；重视地下水采补平衡技术研究。

2.1.5　发展土壤墒情、旱情监测预测技术。加强大尺度土壤水分时空变异规律研究和土壤墒情与旱情指标体系研究；积极研究和开发土壤墒情、旱情监测仪器设备。

2.2　高效输配水技术

农业用水输配水过程中的水量损失所占比重很大，提高输水效率是农业节水的主要内容。

2.2.1　因地制宜应用渠道防渗技术。对输水损失大、输水效率低的支渠及其以上渠道优先防渗；提倡井灌区无回灌补源任务的固定渠道全部防渗；提水灌区推广渠道防渗。

2.2.2　发展管道输水技术。改造较小流量渠道时优先采用低压管道输配水技术；在高扬程提水灌区和有发展自压管道输水条件的灌区，优先发展自压式管道输水系统。

2.2.3　推广采用经济适用的防渗材料。提倡使用灰土、水泥土、砌石等当地材料；推广使用混凝土和沥青混凝土、塑料薄膜等成熟的渠道防渗工程常用材料；鼓励在试验研究的基础上，使用复合土工膜、改性沥青防水卷材等土工膜料以及聚合物纤维混凝土、土壤固化剂和土工合成材料膨润土垫等防渗材料；加强不同气候和土质条件下渠道防渗新材料、新工艺、新施工设备的研究；加强渠道防渗防冻胀技术的研究和产品开发。

2.2.4　发展防渗渠道断面尺寸和结构优化设计技术。大中型防渗渠道宜采用坡脚或底面为弧形的非标准形断面，小型渠道宜采用U形断面；中小型渠道采用混凝土防渗衬砌石，提倡采用标准化设计、工厂化预制、现场装配技术。

2.2.5　积极发展渠系动态配水技术。发展和应用实时灌溉预报技术；加强灌区用水管理技术的研究与应用，提倡动态计划用水管理。

2.2.6　加快发展灌区量测水技术。鼓励研究、开发与推广精度高、造价低、适用性强、操作简便、便于管理和维护的小型量水设备。

2.2.7　发展输水建筑物老化防治技术。积极研究输水建筑物老化防治技术、病害诊断技术和防腐蚀、修复、堵漏技术；加快发展输水建筑物加固技术和产品的开发。

2.3　田间灌水技术

田间灌水既是提高灌溉水利用率的最后环节，又是引水、输水和配水的基础，改进田间灌水技术是农业节水的重点。

2.3.1　改进地面灌水技术。推广小畦灌溉、细流沟灌、波涌灌溉；合理确定沟畦规格和地面自然坡降，缩小地块；推广高精度平整土地技术，鼓励使用激光平整土地；科学控制入畦(沟)流量、水头、灌水定额、改水成数等灌水要素。淘汰无畦漫灌。

2.3.2　大力推广以稻田干湿交替灌溉技术为主的水管理技术。提倡水稻灌区格田化和采用水稻浅湿控制灌溉技术；推广水稻泡田与耕作结合技术；发展水稻“三旱”耕作与旱育稀植抛秧技术；淘汰水稻长期淹灌技术；杜绝稻田串灌串排技术；积极研究稻田适宜水层标准、土壤水分控制指标、晒田技术及相应的灌溉制度。

2.3.3 因地制宜发展和应用喷灌技术。积极鼓励在经济作物种植区、城郊农业区、集中连片规模经营的地区应用喷灌技术；优先推广轻小型成套喷灌技术与设备；在山丘区或有自压条件的地区，鼓励发展自压喷灌技术；积极研究和开发低成本、低能耗、使用方便的喷灌设备。

2.3.4 鼓励发展微灌技术。在果树种植、设施农业、高效农业、创汇农业中大力推广微喷灌与滴灌技术；提倡微灌技术与地膜覆盖、水肥同步供给等农艺技术有机结合；鼓励在山丘区利用地面自然坡降发展自压微喷灌、滴灌、小管出流等微灌技术；鼓励结合雨水集蓄利用工程，发展和应用低水头重力式微灌技术；积极研究和开发低成本、低能耗、多用途的微灌设备。

2.3.5 在春旱严重、后期天然降水基本可满足作物生长需要的地区，大力推广坐水种技术。鼓励研究和开发造价低、性能好、效率高的复式联合补水种植机具。

2.3.6 鼓励应用精准控制灌溉技术。提倡适时适量灌溉；加强农作物水分生理特性和需水规律研究；积极研究作物生长与土壤水分、土壤养分、空气湿度、大气温度等环境因素的关系。

2.3.7 缺水地区大力发展各种非充分灌溉技术。提倡在作物需水临界期及重要生长发育时期灌“关键水”技术；鼓励试验研究作物水分生产函数；研究作物的经济灌溉定额和最优灌溉制度；加强非充分灌溉和调亏灌溉节水增产机理研究；研究和运用控制性分根交替灌溉技术。

2.4 生物节水与农艺节水技术

生物措施和农艺措施可提高水分利用率和水分生产率，节约灌溉用水量，是农业主要节水措施。

2.4.1 鼓励研究和应用水肥耦合技术。提倡灌溉与施肥在时间、数量和使用方式上合理配合，以水调肥、水肥共济，提高水分和肥料利用率。

2.4.2 提倡深耕、深松等蓄水保墒技术和生物养地技术。改善土壤结构，提高土壤的蓄水、保水、供水能力，增加自然降水的利用率，降低灌溉用水量。重视深耕机具的研究、开发和产业化。

2.4.3 在土质较轻、地面坡度较大或降水量较少的地区，积极推广保护性耕作技术。加强保护性耕作技术中秸秆残茬覆盖处理、机械化生物耕作、化学除草剂施用三个关键技术的研究；加强适用于不同地区的保护性耕作机具的研制与产业化。

2.4.4 推广田间增水技术。发展覆膜和沟播技术；加强低成本、完全可降解地膜研究；加强土壤表面保墒增温剂的研究与开发。

2.4.5 发展和应用蒸腾蒸发抑制技术。提倡在作物需水高峰期对作物叶面喷施抗旱剂；鼓励具有代谢、成膜和反射作用的抗旱节水技术产品的研究和产业化。

2.4.6　推广抗(耐)旱、高产、优质农作物品种。加快发展抗(耐)旱节水农作物品种选育的分子生物学技术，选育抗旱、耐旱、水分高效利用型新品种。

2.4.7　鼓励使用种衣剂和保水剂进行拌种。加强低成本、多功能保水拌种剂、经济作物和草场专用保水剂产品和设备的研究与开发。

2.5　降水和回归水利用技术

提高降水利用率和回归水重复利用率可直接减少灌溉用水量，是农业节水的最基本内容。

2.5.1　推广降水滞蓄利用技术。积极发展不同作物、不同降水条件下田间水管理技术，推广协调作物耗水和天然降水的灌溉制度与灌水技术；在旱作农业区，推广以滞蓄天然降水为主要目的的土地平整技术和改进耕作技术；在水稻种植区，积极推广水稻浅灌深蓄技术；在干旱半干旱地区以及保水能力差的山丘区，推广鱼鳞坑、水平沟等集雨保水技术。

2.5.2　推广灌溉回归水利用技术。积极发展灌排统一管理技术；在无盐碱威胁地区，杜绝无效退泄和低效排水的灌溉水管理技术；在灌溉回归水水质不符合灌溉水质要求的地区，积极发展“咸淡混浇”等简单易行的灌溉回归水安全利用技术。

2.5.3　大力发展雨水集蓄利用技术。推广设施农业和庭院集雨技术；推广工程设施标准化；研究和应用雨水集蓄利用中水质保护技术；积极开发环保型、高效低价雨水汇集、保存、防渗新材料。

2.6　非常规水利用技术

在研究试验的基础上，安全使用部分再生水、微咸水和淡化后的海水等非常规水以及通过人工增雨技术等非常规手段增加农业水资源。

2.6.1　发展非常规水资源化技术。发展一水多用和分质用水技术；发展非常规水与淡水混合使用或交替使用技术；建立污水灌溉量化指标体系和咸水灌溉控制指标体系；发展非常规水利用时地下水质、地表水质、农作物产量与品质、土壤理化性状等影响监测与评价技术；加强生活污水、微咸水等排泄与处理技术的研究；积极研究与开发经济有效的非常规水处理设备与水质监测仪器。

2.6.2　重视发展人工增雨技术。人工增雨应坚持政府领导，统筹规划，合理分配。在层状冷云及对流云人工增雨潜力区，采用人工增雨催化作业技术；建立人工增雨综合决策技术系统。

2.6.3　适度发展海水利用技术。鼓励在养殖业或其他农副业中合理利用海水资源；加强天然淡水稀释海水浇灌耐盐作物的技术研究。

2.7　养殖业节水技术

发展养殖业节水技术，提高牧草灌溉、畜禽饮水、畜禽养殖场舍冲洗、畜禽降温、水产养殖等养殖业用水效率，是农业节水的一个重要方面。

2.7.1　加快发展抗(耐)旱节水优良牧草品种选育技术。选育适合当地自然条件的野生牧草或驯化栽培的人工牧草优良品种；选育深根系、直立小面积叶片、对干旱缺水的环境具有较强适应性和抵抗能力的优质耐旱牧草。

2.7.2　发展和推广适合天然草地和旱作人工草地的节水抗旱型优良牧草栽培技术。建立与光照资源、水资源特别是降水资源相适应的种植结构和种植制度；合理搭配豆科、禾本科等不同牧草种类，发展和推广禾本科—豆科、牧草—饲料立体种植或草田轮作技术。

2.7.3　大力推广人工草场的节水灌溉技术。推广草地节水灌溉制度；因地制宜地发展草地灌溉渠道防渗衬砌和管道输水灌溉技术；鼓励在适宜条件下发展草地喷灌技术；改进草地地面灌水技术；发展草地灌溉用水管理技术；加强牧草需水规律、灌溉制度和灌水方法与技术试验研究。淘汰草地无畦漫灌技术。

2.7.4　发展草原节水耕作技术。提倡应用草原免耕直播技术；发展人工补播和人工种植技术；重视增强草地土壤蓄水保肥能力；大力发展牧区灌溉饲草料基地。

2.7.5　发展集约化节水型养殖技术。提倡家畜集中供水与综合利用；推广“新型”环保畜禽舍、节水型降温技术和饮水设备；科学设置牲畜饮水点，有效保护水源地或给水点；对水源缺乏、饮水极度困难的草原区，可通过铺设供水管道供水；推广具有防渗和净化效果的混凝土结构、砖石结构等集雨技术设施；鼓励研制节水型、多种动力、构造简单、使用方便、供水保证率高的自动给水设备。促进节水、高效的工厂化水产养殖设施的研究和推广使用。逐步淘汰水槽长流供水技术。

2.7.6　推广养殖废水处理及重复利用技术。推广养殖废水厌氧处理后的再利用技术及深度处理和消毒后用于圈舍冲洗的循环利用技术；提倡分质供水和多级利用；改变传统水冲清粪和水泡粪为干清粪方式；研究和开发低耗、高效的养殖废水处理设施。

2.7.7　发展畜产品、水产品加工节水技术。鼓励研究和开发多功能、低成本、节水、环保型加工工艺和技术装备。

2.8　村镇节水技术

针对村镇居民用水分散、农产品加工工艺简单、村镇用水效率低、村镇供水设施简陋、安全饮用水源不足等特点，发展村镇节水技术。

2.8.1　发展和推广村镇集中供水技术。积极推行计划用水，发展饮用水源开发利用与保护技术。开采地下水应封闭不良含水层，防控苦咸水、污废水等劣质水侵入水源；鼓励水源保护林草地建设。推行集中供水，积极发展村镇供水管网优化设计技术。

2.8.2　鼓励研究开发并推广村镇家用水表和节水型用水设施，缺水地区要逐步开展村镇家庭用水分户计量。

2.8.3　发展村镇饮用水处理与水质监测技术。水质不达标地区提倡饮用水源集中处理；建立水质检测制度；鼓励开发并推广适宜村镇管理条件的简易监测设备和便携式监测设备。

3　工业节水

工业用水主要包括冷却用水、热力和工艺用水、洗涤用水。其中，工业冷却水用量占工业用水总量的80%左右，取水量占工业取水总量的30%～40%。火力发电、钢铁、石油、石化、化工、造纸、纺织、有色金属、食品与发酵等八个行业取水量约占全国工业总取水量的60%(含火力发电直流冷却用水)。

3.1　工业用水重复利用技术

大力发展和推广工业用水重复利用技术，提高水的重复利用率是工业节水的首要途径。

3.1.1　大力发展循环用水系统、串联用水系统和回用水系统。推进企业用水网络集成技术的开发与应用，优化企业用水网络系统。鼓励在新建、扩建和改建项目中采用水网络集成技术。

3.1.2　发展和推广蒸汽冷凝水回收再利用技术。优化企业蒸汽冷凝水回收网络，发展闭式回收系统。推广使用蒸汽冷凝水的回收设备和装置，推广漏汽率小、背压度大的节水型疏水器。优化蒸汽冷凝水除铁、除油技术。

3.1.3　发展外排废水回用和"零排放"技术。鼓励和支持企业外排废(污)水处理后回用，大力推广外排废(污)水处理后回用于循环冷却水系统的技术。在缺水以及生态环境要求高的地区，鼓励企业应用废水"零排放"技术。

3.2　冷却节水技术。发展高效冷却节水技术是工业节水的重点。

3.2.1　发展高效换热技术和设备。推广物料换热节水技术，优化换热流程和换热器组合，发展新型高效换热器。

3.2.2　鼓励发展高效环保节水型冷却塔和其他冷却构筑物。优化循环冷却水系统，加快淘汰冷却效率低、用水量大的冷却池、喷水池等冷却构筑物。推广高效新型旁滤器，淘汰低效反冲洗水量大的旁滤设施。

3.2.3　发展高效循环冷却水处理技术。在敞开式循环间接冷却水系统，推广浓缩倍数大于4的水处理运行技术；逐步淘汰浓缩倍数小于3的水处理运行技术；限制使用高磷锌水处理技术；开发应用环保型水处理药剂和配方。

3.2.4　发展空气冷却技术。在缺水以及气候条件适宜的地区推广空气冷却技术。鼓励研究开发运行高效、经济合理的空气冷却技术和设备。

3.2.5　在加热炉等高温设备推广应用汽化冷却技术。应充分利用汽水分离后的汽。

3.3　热力和工艺系统节水技术

工业生产的热力和工艺系统用水分为锅炉给水、蒸汽、热水、纯水、软化水、脱盐水、去离子水等，其用水量居工业用水量的第二位，仅次于冷却用水。节约热力和工艺系统用水是工业节水的重要组成部分。

3.3.1　推广生产工艺(装置内、装置间、工序内、工序间)的热联合技术。

3.3.2　推广中压产汽设备的给水使用除盐水、低压产汽设备的给水使用软化水。推广使用闭式循环水汽取样装置。研究开发能够实现“零排放”的热水锅炉和蒸汽锅炉水处理技术、锅炉气力排灰渣技术和“零排放”无堵塞湿法脱硫技术。

3.3.3　发展干式蒸馏、干式汽提、无蒸汽除氧等少用或不用蒸汽的技术。优化蒸汽自动调节系统。

3.3.4　优化锅炉给水、工艺用水的制备工艺。鼓励采用逆流再生、双层床、清洗水回收等技术降低自用水量。研究开发锅炉给水、工艺用水制备新技术、新设备，逐步推广电去离子净水技术。

3.4　洗涤节水技术

在工业生产过程中洗涤用水分为产品洗涤、装备清洗和环境洗涤用水。

3.4.1　推广逆流漂洗、喷淋洗涤、汽水冲洗、气雾喷洗、高压水洗、振荡水洗、高效转盘等节水技术和设备。

3.4.2　发展装备节水清洗技术。推广可再循环再利用的清洗剂或多步合一的清洗剂及清洗技术；推广干冰清洗、微生物清洗、喷淋清洗、水汽脉冲清洗、不停车在线清洗等技术。

3.4.3　发展环境节水洗涤技术。推广使用再生水和具有光催化或空气催化的自清洁涂膜技术。

3.4.4　推广可以减少用水的各类水洗助剂和相关化学品。开发各类高效环保型清洗剂、微生物清洗剂和高效水洗机。开发研究环保型溶剂、干洗机、离子体清洗等无水洗涤技术和设备。

3.5　工业给水和废水处理节水技术

3.5.1　推广使用新型滤料高精度过滤技术、汽水反冲洗技术等降低反洗用水量技术。推广回收利用反洗排水和沉淀池排泥水的技术。

3.5.2　鼓励在废水处理中应用臭氧、紫外线等无二次污染消毒技术。开发和推广超临界水处理、光化学处理、新型生物法、活性炭吸附法、膜法等技术在工业废水处理中的应用。

3.6　非常规水资源利用技术

3.6.1　发展海水直接利用技术。在沿海地区工业企业大力推广海水直流冷却和海水循环冷却技术。

3.6.2　积极发展海水和苦咸水淡化处理技术。实施以海水淡化为主，兼顾卤水制盐以及提取其他有用成分相结合的产业链技术，提高海水淡化综合效益。通过扩大海水淡化装置规模、实施能量回收等技术降低海水淡化成本。发展海水淡化设备的成套化、系列化、标准化制造技术。

3.6.3　发展采煤、采油、采矿等矿井水的资源化利用技术。推广矿井水作为矿区工业用水和生活用水、农田用水等替代水源应用技术。

3.7　工业输用水管网、设备防漏和快速堵漏修复技术降低输水管网、用水管网、用水设备(器具)的漏损率，是工业节水的一个重要途径。

3.7.1　发展新型输用水管材。限制并逐步淘汰传统的铸铁管和镀锌管，加速发展机械强度高、刚性好、安装方便的水管。发展不泄漏、便于操作和监控、寿命长的阀门与管件。

3.7.2　优化工业供水压力、液面、水量控制技术。发展便捷、实用的工业水管网和设备(器具)的检漏设备、仪器和技术。

3.7.3　研究开发管网和设备(器具)的快速堵漏修复技术。

3.8　工业用水计量管理技术

工业用水的计量、控制是用水统计、管理和节水技术进步的基础工作。

3.8.1　重点用水系统和设备应配置计量水表和控制仪表。完善和修订有关的各类设计规范，明确水计量和监控仪表的设计安装及精度要求。重点用水系统和设备应逐步完善计算机和自动监控系统。

3.8.2　鼓励和推广企业建立用水和节水计算机管理系统和数据库。

3.8.3　鼓励开发生产新型工业水量计量仪表、限量水表和限时控制、水压控制、水位控制、水位传感控制等控制仪表。

3.9　重点节水工艺

节水工艺是指通过改变生产原料、工艺和设备或用水方式，实现少用水或不用水。它是更高层次(节水、节能、提高产品质量等)的源头节水技术。

3.9.1　大力发展和推广火力发电、钢铁、电石等工业干式除灰与干式输灰(渣)、高浓度灰渣输送、冲灰水回收利用等节水技术和设备以及冶炼厂干法收尘净化技术。

3.9.2　推广燃气-蒸汽联合循环发电、洁净煤燃烧发电技术。研究开发使用天然气等石化燃料发电等少用水的发电工艺和技术。

3.9.3　推广钢铁工业融熔还原等非高炉炼铁工艺，开发薄带连铸工艺。推广炼焦生产中的干熄焦或低水分熄焦工艺。

3.9.4　鼓励加氢精制工艺，淘汰油品精制中的酸碱洗涤工艺。

3.9.5　发展合成氨生产节水工艺。采用低能耗的脱碳工艺替代水洗脱除二氧化碳、低热耗苯菲尔工艺和MDEA脱碳工艺；推广全低变工艺，NHD脱硫、脱碳的气体净化工艺；发展以天然气为原料制氨；推广醇烃化精制及低压低能耗氨合成系统；以重油为原料生产合成氨，采用干法回收炭黑。

3.9.6　发展尿素生产节水工艺。在新建装置推广采用CO_2和NH_3汽提工艺。推广水溶液全循环尿素节能节水增产工艺。中小型尿素装置推广尿素废液深度水解解吸工艺。

3.9.7　推广甲醇生产低压合成工艺。

3.9.8　发展烧碱生产节水工艺。推广离子膜法烧碱，采用三效逆流蒸发改造传统的顺流蒸发。推广万吨级三效逆流蒸发装置和高效自然强制循环蒸发器。

3.9.9　发展纯碱生产节水工艺。氨碱法工厂推广真空蒸馏、干法加灰技术。

3.9.10 发展硫酸生产酸洗净化节水工艺和新型换热设备，逐步淘汰水洗净化工艺和传统的铸铁冷却排管。

3.9.11 发展纺织生产节水工艺。推广使用高效节水型助剂；推广使用生物酶处理技术、高效短流程前处理工艺、冷轧堆—步法前处理工艺、染色—浴法新工艺、低水位逆流漂洗工艺和高温高压小浴比液流染色工艺及设备；研究开发高温高压气流染色、微悬浮体染整、低温等离子体加工工艺及设备。鼓励纺织印染加工企业采用天然彩棉等节水型生产原料，推广天然彩棉新型制造技术。

3.9.12 发展造纸工业化学制浆节水工艺。推广纤维原料洗涤水循环使用工艺系统；推广低卡伯值蒸煮、漂前氧脱木素处理、封闭式洗筛系统；发展无元素氯或全无氯漂白，研究开发适合草浆特点的低氯漂白和全无氯漂白，合理组织漂白洗浆滤液的逆流使用；推广中浓技术和过程智能化控制技术；发展提高碱回收黑液多效蒸发站二次蒸汽冷凝水回用率的工艺。发展机械浆、二次纤维浆的制浆水循环使用工艺系统；推广高效沉淀过滤设备白水回收技术，加强白水封闭循环工艺研究；开发白水回收和中段废水二级生化处理后回用技术和装备。

3.9.13 发展食品与发酵工业节水工艺。根据不同产品和不同生产工艺，开发干法、半湿法和湿法制备淀粉取水闭环流程工艺。推广脱胚玉米粉生产酒精、淀粉生产味精和柠檬酸等发酵产品的取水闭环流程工艺。推广高浓糖化醪发酵(酒精、啤酒、味精、酵母、柠檬酸等)和高浓母液(味精等)提取工艺。推广采用双效以上蒸发器的浓缩工艺。淘汰淀粉质原料高温蒸煮糊化、低浓度糖液发酵、低浓度母液提取等工艺。研究开发啤酒麦汁一段冷却、酒精差压蒸馏装置等。

3.9.14 发展油田节水工艺。推广优化注水技术，减少无效注水量。对特高含水期油田，采取细分层注水，细分层堵水、调剖等技术措施，控制注入水量。推广先进适用的油田产出水处理回注工艺。对特低渗透油田的采出水，推广精细处理工艺。注蒸汽开采的稠油油田，推广稠油污水深度处理回用注汽锅炉技术。研发三次采油采出水处理回用工艺技术。推广油气田施工和井下作业节水工艺。

3.9.15 发展煤炭生产节水工艺。推广煤炭采掘过程的有效保水措施，防止矿坑漏水或突水。开发和应用对围岩破坏小、水流失少的先进采掘工艺和设备。开发和应用动筛跳汰机等节水选煤设备。开发和应用干法选煤工艺和设备。研究开发大型先进的脱水和煤泥水处理设备。

3.9.16 推广水泥窑外分解新型干法生产新工艺，逐步淘汰湿法生产工艺。

4 城市生活节水

城市生活用水包括：城市居民、商贸、机关、院校、旅游、社会服务、园林景观等用水。目前城市生活用水已占城市用水量的55%左右，随着城市的发展还将进一步增加；城市生活用水与人民群众日常生活密切相关，目前人均生活用水量为212 L/d(其中设市城市为228 L/d)。城市生活节水对于促进节水型城市的建设具有重要意义。

4.1　节水型器具

节水型用水器具的推广应用是生活节水的重要技术保障。

4.1.1　推广节水型水龙头。推广非接触自动控制式、延时自闭、停水自闭、脚踏式、陶瓷磨片密封式等节水型水龙头。淘汰建筑内铸铁螺旋升降式水龙头、铸铁螺旋升降式截止阀。

4.1.2　推广节水型便器系统。推广使用两挡式便器，新建住宅便器小于6 L。公共建筑和公共场所使用6 L的两挡式便器，小便器推广非接触式控制开关装置。淘汰进水口低于水面的卫生洁具水箱配件、上导向直落式便器水箱配件和冲洗水量大于9 L的便器及水箱。

4.1.3　推广节水型淋浴设施。集中浴室普及使用冷热水混合淋浴装置，推广使用卡式智能、非接触自动控制、延时自闭、脚踏式等淋浴装置；宾馆、饭店、医院等用水量较大的公共建筑推广采用淋浴器的限流装置。

4.1.4　研究生产新型节水器具。研究开发高智能化的用水器具、具有最佳用水量的用水器具和按家庭使用功能分类的水龙头。

4.2　城市再生水利用技术

城市再生水利用技术包括城市污水处理再生利用技术、建筑中水处理再生利用技术和居住小区生活污水处理再生利用技术。

4.2.1　建立和完善城市污水处理再生水利用技术体系。城市污水再生利用，宜根据城市污水来源与规模，尽可能按照就地处理、就地回用的原则合理采用相应的再生水处理技术和输配技术；鼓励研究和制订城市水系统规划、再生水利用规划和技术标准，逐步优化城市供水系统与配水管网，建立与城市水系统相协调的城市再生水利用的管网系统和集中处理厂出水、单体建筑中水、居民小区中水相结合的再生水利用体系；制定和完善污水再生利用标准。

4.2.2　发展污水集中处理再生利用技术。鼓励缺水城市污水集中处理厂采用再生水利用技术，再生水用于农业、工业、城市绿化、河湖景观、城市杂用、洗车、地下水补给以及城市污水集中处理回用管网覆盖范围内的公共建筑生活杂用水。

4.2.3　推广应用城市居住小区再生水利用技术。缺水地区城市建设居住小区，达到一定建筑规模、居住人口或用水量的，应积极采用居住小区再生水利用技术，再生水用于冲厕、保洁、洗车、绿化、环境和生态用水等。

4.2.4　推广应用建筑中水处理回用技术。缺水地区城市污水集中处理回用管网覆盖范围外，具有一定规模或用水量的建筑，应积极采用建筑中水处理回用技术，中水用于建筑的生活杂用水。

4.2.5 积极研究开发高效低耗的污水处理和再生利用技术。鼓励研究开发占地面积小、自动化程度高、操作维护方便、能耗低的新处理技术和再生利用技术。

4.3 城区雨水、海水、苦咸水利用技术

4.3.1 推广城区雨水的直接利用技术。在城市绿地系统和生活小区，推广城市绿地草坪滞蓄直接利用技术，雨水直接用于绿地草坪浇灌；缺水地区推广道路集雨直接利用技术，道路集雨系统收集的雨水主要用于城市杂用水；鼓励干旱地区城市因地制宜采用微型水利工程技术，对强度小但面积广泛分布的雨水资源加以开发利用，如房屋屋顶雨水收集技术等。

4.3.2 推广城区雨水的环境生态利用技术。把雨水利用与天然洼地、公园的河湖等湿地保护和湿地恢复相结合。

4.3.3 推广城区雨水集蓄回灌技术。在缺水地区优先推广城市雨洪水地下回灌系统技术。通过城市绿地、城市水系、交通道路网的透水路面、道路两侧专门用于集雨的透水排水沟、生活小区雨水集蓄利用系统、公共建筑集水入渗回补利用系统等充分利用雨洪水和上游水库的汛期弃水进行地下水回灌。完善城市排水体系，建立雨水径流收集系统和水质监测系统。鼓励缺水地区在建设雨污分流排水体制的基础上采用城区雨水处理回灌技术。研究开发城区雨水水质监测技术。

4.3.4 推广海水利用技术。东北、华北、华东地区沿海缺水城市，积极发展海水淡化和输配技术；加快发展低成本海水淡化技术。鼓励沿海城市发展海水直接利用技术；积极开发含盐生活污水的处理技术，发展含盐生活污水排海 (洋) 处置技术。

4.3.5 推广苦咸水利用技术。在华北、西北和沿海地区缺水城市，推广苦咸水的电渗析处理技术和反渗透处理技术，主要用于城市杂用水、生活杂用水和部分饮用水。

4.4 城市供水管网的检漏和防渗技术

目前城市供水管网水漏损比较严重，已成为当前城市供水中的突出问题。积极采用城市供水管网的检漏和防渗技术，不仅是节约城市水资源的重要技术措施，而且对于提高城市供水服务水平、保障供水水质安全等也具有重要意义。

4.4.1 推广预定位检漏技术和精确定点检漏技术。推广应用预定位检漏技术和精确定点检漏技术，并根据供水管网的不同铺设条件，优化检漏方法。埋在泥土中的供水管网，应当以被动检漏法为主，主动检漏法为辅；上覆城市道路的供水管网，应以主动检漏法为主，被动检漏法为辅。鼓励在建立供水管网 GIS、GPS 系统基础上，采用区域泄漏普查系统技术和智能精定点检漏技术。

4.4.2 推广应用新型管材。大口径管材 (DN>1 200) 优先考虑预应力钢筒混凝土管；中等口径管材 (DN=300 ~ 1 200) 优先采用塑料管和球墨铸铁管，逐步淘汰灰口铸铁管；小口径管材 (DN<300) 优先采用塑料管，逐步淘汰镀锌铁管。

4.4.3 推广应用供水管道连接、防腐等方面的先进施工技术。一般情况下，承插接口应采用橡胶圈密封的柔性接口技术，金属管内壁采用涂水泥砂浆或树脂的防腐技术；焊接、粘接的管道应考虑胀缩性问题，采用相应的施工技术，如适当距离安装柔性接口、伸缩器或U形弯管。

4.4.4　鼓励开发和应用管网查漏检修决策支持信息化技术。鼓励在建设管网GIS系统的基础上，配套建设具有关阀搜索、状态仿真、事故分析、决策调度等功能的决策支持系统，为管网查漏检修提供决策支持。

4.5　公共供水企业自用水节水技术

城市公共供水企业节水主要是反冲洗水回用，反冲洗水回用兼具城市节水和水环境保护的双重效能。

4.5.1　以地表水为原水的新建和扩建供水工程项目，应推广反冲洗水回用技术，选择截污能力强的新型滤池技术，配套建设反冲洗水回用沉淀水池，采用反冲洗效果好、反冲水量低的气水反冲洗技术。

4.5.2　改建供水工程项目，应积极采用先进的反冲洗技术，通过改造和加强反冲洗系统的结构组织，采用适宜的反冲洗方式，改进滤池反冲洗再生机能。2008年前淘汰高强度水定时反冲洗的工艺技术。

4.6　公共建筑节水技术

随着城镇化和服务业的快速发展，公共建筑用水需求将呈增长趋势，空调系统应作为公共建筑节水的重点之一。

4.6.1　普及公共建筑空调的循环冷却技术。公共建筑空调应采用循环冷却水系统，冷却水循环率应达到98%以上，敞开式系统冷却水浓缩倍数不低于3；循环冷却水系统可以根据具体情况使用敞开式或密闭式循环冷却水系统。

4.6.2　推广应用空调循环冷却水系统的防腐、阻垢、防微生物处理技术。

4.6.3　鼓励采用空气冷却技术。

4.6.4　推广应用锅炉蒸汽冷凝水回用技术。推广采用密闭式凝结水回收系统、热泵式凝结水回收系统、压缩机回收废蒸汽系统、恒温压力回水器等；间接利用蒸汽的蒸汽冷凝水的回收率不得低于85%；发展回收设备防腐处理和水质监测技术。

4.7　市政环境节水技术

市政环境用水在城市用水中所占比例有逐步增大的趋势。鼓励工程节水技术与生物节水技术、节水管理相结合的综合技术，促进市政环境节水。

4.7.1　发展绿化节水技术。发展生物节水技术，提倡种植耐旱性植物，并应采用非充分灌溉方式进行灌溉作业；绿化用水应优先使用再生水；使用非再生水的，应采用喷灌、微喷、滴灌等节水灌溉技术，灌溉设备可选用地埋升降式喷灌设备、滴灌管、微喷头、滴灌带等。

4.7.2　发展景观用水循环利用技术。

4.7.3 推广游泳池用水循环利用技术。

4.7.4 发展机动车洗车节水技术。推广洗车用水循环利用技术；推广采用高压喷枪冲车、电脑控制洗车和微水洗车等节水作业技术。研究开发环保型无水洗车技术。

4.7.5 大力发展免冲洗环保公厕设施和其他节水型公厕技术。

4.8 城市节水信息技术

节水信息技术，可以实现节水信息资源共享、提高节水决策科学化，对于加强节水管理具有重要意义。

4.8.1 发展地理信息系统应用技术。鼓励研究以 GIS 技术为平台的节水信息系统建设，为实现城市节水的信息化管理提供基础保障。

4.8.2 发展节水信息采集传输及专业数据库技术。开发节水信息网络基础平台、节水信息管理系统和专业数据库技术，用以加强和规范节水管理和指导城市节水技术发展工作。

5 发展节水技术的保障措施

完善法律法规，建立激励和约束机制，健全技术服务体系，推动节水技术发展与应用。

5.1 加强节水法制建设和行政管理

5.1.1 依据《中华人民共和国水法》和《中华人民共和国清洁生产法》等法律，研究制定有关促进节水技术发展的法规和标准。

5.1.2 国家和地方在编制“十一五”发展规划和专项规划中，把节水技术进步放在重要位置。

5.1.3 重点节水技术的研究和开发，应列入国家中长期科学和技术发展规划纲要及相关国家科技开发计划。

5.1.4 国家定期发布“淘汰落后的高耗水工艺和设备(产品)目录”和“鼓励使用的节水工艺和设备(产品)目录”。

5.2 建立发展节水技术的激励机制和约束机制

5.2.1 国家和地方政府要重视节水关键技术开发、示范和推广工作，并给予必要的资金支持。

5.2.2 对于以废水(液)为原料生产的产品，符合《资源综合利用目录(2003年修订)》的，按国家有关规定享受减免所得税的政策。

5.2.3 鼓励发展污水再生利用、海水与微咸水利用等非常规水资源利用产业。再生水生产企业和利用海水生产淡水的企业，享受国家有关优惠政策。

5.2.4 对列入国家鼓励发展的节水技术、设备目录的设备，按国家有关规定给予税收优惠。

5.2.5 国家、地方政府、企业组织实施的节水工程，应优先选择《大纲》推荐的节水工艺、技术和设备。对一些重大项目，国家和地方政府应给予资金补助支持。

5.2.6 引导社会投资节水项目，特别是引导金融机构对重点节水项目给予贷款支持。鼓励多渠道融资，加大对节水技术创新和节水工程的投入。

5.2.7　建立充分体现我国水资源紧缺状况，以节水和合理配置水资源、提高用水效率、促进水资源可持续利用为核心的水价机制。扩大水资源费征收范围并适当提高征收标准。逐步提高水利工程供水价格，优先提高城市污水处理费征收标准，合理确定再生水价格。大力推行阶梯式水价、超计划超定额取水加价等科学合理的水价制度。

5.2.8　新建、扩建和改建项目在实行“三同时、四到位”制度(即节水设施必须与主体工程同时设计、同时施工、同时投入运行。用水单位要做到用水计划到位、节水目标到位、节水措施到位、管水制度到位)过程中，应积极采用《大纲》推荐的节水技术。

5.2.9　建立和完善用水总量控制和定额管理制度。结合行业、地区特点，建立以取水定额为核心的考核、评价、管理体系。

5.2.10　加强对重点用水单位取水定额执行情况、节水新技术、新产品推广使用情况和国家明令淘汰的高耗水的落后工艺、技术和设备的淘汰情况的监督检查。新建用水工程(项目)，不得采用本《大纲》和国家明令淘汰的落后工艺、技术和设备。

5.2.11　建立节水产品认证制度，规范节水产品市场。

5.3　建立健全节水技术的研究开发和推广服务体系

5.3.1　加强节水技术创新体系建设。建立节水重点实验室和工程技术中心，加快节水技术的研究开发。

5.3.2　加强节水技术推广服务体系建设。组织开展技术交流、技术推广、技术咨询、信息发布、宣传培训等活动。

5.3.3　加强节水标准体系建设。建立和完善取水定额标准体系，完善节水基础标准、节水考核标准、节水设施和产品标准、节水技术规范。

5.3.4　积极推动节水技术国际交流与合作，引进和消化吸收国外先进的节水技术，加快发展具有自主知识产权的节水技术和产品。

5.3.5　开展节水宣传教育活动。采取各种有效形式，开展节水技术科普宣传，加快节水技术的推广。

附录四　国家农业节水纲要（2012—2020）

水资源是基础性的自然资源和重要的战略资源。我国是一个水资源严重短缺的国家，水资源供需矛盾突出仍然是可持续发展的主要瓶颈。农业是用水大户，近年来农业用水量约占经济社会用水总量的62%，部分地区高达90%以上，农业用水效率不高，节水潜力很大。大力发展农业节水，在农业用水量基本稳定的同时扩大灌溉面积、提高灌溉保证率，是促进水资源可持续利用、保障国家粮食安全、加快转变经济发展方式的重要举措。为贯彻落实《中共中央 国务院关于加快水利改革发展的决定》（中发〔2011〕1号）和《国务院关于实行最严格水资源管理制度的意见》（国发〔2012〕3号）精神，把节水灌溉作为经济社会可持续发展的一项重大战略任务，全面做好农业节水工作，特制定本纲要。

一、总体要求

（一）指导思想。以邓小平理论、"三个代表"重要思想、科学发展观为指导，按照中央关于加快水利改革发展、推进农业科技创新的决策和部署，以改善和保障民生为宗旨，以提高农业综合生产能力为目标，以水资源高效利用为核心，严格水资源管理，优化农业生产布局，转变农业用水方式，完善农业节水机制，着力加强农业节水的综合措施，着力强化农业节水的科技支撑，着力创新农业节水工程管理体制，着力健全基层水利服务和农技推广体系，以水资源的可持续利用保障农业和经济社会的可持续发展。

（二）基本原则。

——坚持科学规划，统筹兼顾。编制全国性、区域性的农业节水相关规划，以供定需，量水而行，因水制宜，合理确定农业节水发展目标和建设重点。

——坚持因地制宜，分区实施。根据各地水土资源条件、农业生产布局等实际情况，抓住影响农业用水效率和效益的关键环节，分区采取适宜的农业节水措施，兼顾节水的经济效益、社会效益和生态效益，促进农业增产和农民增收。

——坚持突出重点，示范推广。突出抓好重点区域、主要农作物的节水技术应用，集中连片建设农业节水工程，实行规模化发展。建设旱作节水农业示范工程，加快节水技术推广。

——坚持政府主导，多方参与。建立政府调控、市场引导、公众参与的农业节水机制。充分尊重农民意愿，加大公共财政投入，明确各方职责，调动和发挥广大农民以及社会力量的积极性。

——坚持建管并重，深化改革。在加强农业节水工程建设的同时，建立健全工程管理体制和运行机制，推行用水总量控制和定额管理，深化农业水价综合改革，完善农业节水产业支持、技术服务、财政补助等政策措施。

（三）发展目标。到2020年，在全国初步建立农业生产布局与水土资源条件相匹配、农业用水规模与用水效率相协调、工程措施与非工程措施相结合的农业节水体系。基本完成大型灌区、重点中型灌区续建配套与节水改造和大中型灌排泵站更新改造，小型农田水利重点县建设基本覆盖农业大县；全国农田有效灌溉面积达到10亿亩，新增节水灌溉工程面积3亿亩，其中新增高效节水灌溉工程面积1.5亿亩以上；全国农业用水量基本稳定，农田灌溉水有效利用系数达到0.55以上；全国旱作节水农业技术推广面积达到5亿亩以上，高效用水技术覆盖率达到50%以上。

二、建立农业节水体系

（四）优化配置农业用水。通过建设骨干水源工程和实施区域水资源配置工程，进一步优化用水结构，缓解重点农业生产区的用水压力。充分利用天然降水，合理配置地表水和地下水，重视利用非常规水源，提高农业用水总体保障水平。在渠灌区因地制宜实行蓄水、引水、提水相结合。在井渠结合灌区实行地表水和地下水联合调度。在井灌区严格控制地下水开采。在不具备常规灌溉条件的地区，利用当地水窖、水池、塘坝等多种手段集蓄雨水，解决抗旱播种和保苗用水。

（五）调整农业生产和用水结构。根据各地水资源承载能力和自然、经济、社会条件，优化配置水、土、光、热、种质等资源，合理调整农业生产布局、农作物种植结构以及农、林、牧、渔业用水结构。在水资源短缺地区严格限制种植高耗水农作物，鼓励种植耗水少、附加值高的农作物。在规划建设商品粮、棉、油、菜等基地时，要充分考虑当地水资源条件，避免加剧用水供需矛盾。积极发展林果业和养殖业节水。

（六）完善农业节水工程措施。优先推进粮食主产区、严重缺水和生态环境脆弱地区节水灌溉发展。除有回灌补源要求的渠段外，对渠道要进行防渗处理。要平整土地，合理调整沟畦规格，推广抗旱坐水种和移动式软管灌溉等地面灌水技术，提高田间灌溉水利用率。在井灌区和有条件的渠灌区，大力推广管道输水灌溉。在水资源短缺、经济作物种植和农业规模化经营等地区，积极推广喷灌、微灌、膜下滴灌等高效节水灌溉和水肥一体化技术。因地制宜实施坡耕地综合治理、雨水集蓄利用等措施。

（七）推广农机、农艺和生物技术节水措施。合理安排耕作和栽培制度，选育和推广优质耐旱高产品种，提高天然降水利用率。大力推广深松整地、中耕除草、镇压耙耱、覆盖保墒、增施有机肥以及合理施用生物抗旱剂、土壤保水剂等技术，提高土壤吸纳和保持水分的能力。在干旱和易发生水土流失地区，加快推广保护性耕作技术。

（八）健全农业节水管理措施。加强水资源统一管理，强化农业用水管理和监督，严格控制农业用水量，合理确定灌溉用水定额。明确农业节水工程设施管护主体，落实管护责任。完善农业用水计量设施，加强水费计收与使用管理。完善农业节水社会化服务体系，加强技术指导和示范培训。积极推行农业节水信息化，有条件的灌区要实行灌溉用水自动化、数字化管理。加强技术监督，规范节水材料和设备市场。

三、实行分区指导

（九）东北地区。包括辽宁、吉林、黑龙江三省以及内蒙古自治区东部。西部要根据水资源承载能力，大力推广高效节水灌溉技术，积极采用深松整地、抗旱坐水种等措施，合理施用生物抗旱剂和土壤保水剂；合理发展膜下滴灌、喷灌，在有规模化耕作条件的地区集中连片发展大中型机械化行走式喷灌。东部要加大现有灌区续建配套与节水改造力度，新建灌区应达到节水灌溉工程规范要求，大力推广水稻控制灌溉技术。

（十）西北地区。包括陕西、甘肃、青海、宁夏、新疆五省（区）和内蒙古自治区中西部以及山西省西部，要严格按照水资源配置总量，控制灌溉发展规模。在灌区重点发展渠道防渗，在适宜地区大力推广膜下滴灌、喷灌技术。在水资源条件允许的地区，适度发展大中型机械化行走式喷灌，兼顾发展小型移动机组式喷灌和管道输水灌溉；在具有水力自流条件的地区优先发展自压喷灌、微灌和管道输水灌溉。在内陆河区优先发展高效节水灌溉，维护生态安全。要加强土地平整，改进沟畦灌水技术，推广垄膜沟灌、覆盖保墒等技术，配套施用长效、缓释肥料及抗旱、抗逆制剂。根据水资源条件，在草原牧区积极发展节水灌溉饲草料地。大力实施小流域、坡耕地综合治理和黄土高原淤地坝等工程建设，有效改善农业生产条件和生态环境。

（十一）黄淮海地区。包括北京、天津、河北、山东、河南五省（市）和山西东部以及江苏、安徽两省北部。在井灌区重点发展管道输水灌溉，积极发展喷灌、微灌和水肥一体化，推广用水计量和智能控制技术。在渠灌区、井渠结合灌区重点发展渠道防渗，因地制宜发展低压管道输水灌溉，推广水稻控制灌溉技术。在地下水超采区严格控制新增灌溉面积，大力提倡合理利用雨洪资源、微咸水、再生水等。

（十二）南方地区。包括长江沿岸及其以南的各省（区、市），要以渠道防渗为主，重点加快灌排工程更新改造，适当发展管道输水灌溉，大力发展水稻控制灌溉。在丘陵山区兴建小水窖、小水池、小塘坝、小泵站、小水渠等“五小水利”工程，积极推广节水灌溉技术，提高抗旱减灾能力；搞好水土保持和生态建设，推广坡耕地综合治理，采取覆盖等农艺措施，提高土壤蓄水保墒能力。东南沿海经济发达地区要采取各类节水综合措施，提高灌溉保证率，率先实现农田水利现代化。

四、推进重点工程

（十三）大中型灌区节水改造工程。优先安排粮食主产区、严重缺水和生态环境脆弱地区的灌区续建配套与节水改造，着力解决工程不配套、渠（沟）系建筑物老化、渗漏损失大、计量设施不全、管理手段落后等问题。加强末级渠系建设，加快解决“最后一公里”问题。

（十四）高效节水灌溉技术规模化推广工程。以东北、西北、黄淮海地区为重点，选择农业生产急需、发展条件好、农民积极性高的地区，集工程、农艺、农机和管理等措施于一体，建设一批高效节水灌溉技术规模化推广工程，为周边农户开展技术咨询和培训，让实用节水技术进村入户到人，努力做到节水效果明显、经济效益显著、示范作用较大。

（十五）旱作节水农业技术推广示范工程。建设旱作节水农业示范县，突出工程措施与农艺措施集成配套，旱作节水农业技术与区域优势产业发展相结合，完善田间基础设施，发展补充灌溉和微水灌溉，推广改土、覆盖、倒茬、平整土地和秸秆还田、土壤墒情监测等技术，提高降雨入渗量，增强田间蓄墒能力。

（十六）农业节水技术创新工程。积极发挥科研单位、大专院校的优势，建立企业、用水户广泛参与、产学研相结合的农业节水技术创新和推广机制。注重引进、消化和吸收国外先进节水技术，集成和再创新形成适应我国不同地区的农业节水模式。加强主要农作物高效用水基础科学研究，开展节水灌溉技术标准、灌溉制度、新产品与新技术研发和综合节水技术集成模式等方面的联合攻关，在喷灌、微灌关键设备和低成本大口径管材及生产工艺等方面实现新突破，推广具有自主核心知识产权的智能控制和精量灌溉装备。开展灌区自动化控制、信息化管理等应用技术研究，逐步建立农田水利管理信息网络。重视发挥节水材料和设备生产、销售骨干企业在农业节水技术创新与集成中的主体作用，落实相关财税优惠政策，完善其售后服务网络。

（十七）山丘区“五小水利”工程。以西南地区为重点，在具有一定降水条件的地区大力推进“五小水利”工程建设，实现人均占有半亩以上具有补充灌溉条件的基本农田，使中等干旱年生产生活用水有保障、粮食不减产，严重干旱年生活用水有保障、粮食少减产。积极发挥人工增雨（雪）的抗旱减灾作用。

五、健全体制机制

（十八）完善法规政策。积极推进农田水利立法工作。各地区要实行最严格水资源管理制度，加强水资源论证和取水许可管理，加大水行政执法力度，规范农业节水工程建设和管理。针对农村劳动力大量外出、农业比较效益下降等实际情况，研究支持农田水利特别是发展节水灌溉的长效机制。进一步完善占用农业灌溉水源和灌排工程设施补偿制度。

（十九）推行节水灌溉制度。建立取用水总量控制指标体系，逐级分解农业用水指标，落实到各地区和各灌区。各地区要发布适合本地区条件的主要作物灌溉用水定额。

有条件的地区要逐步建立节约水量交易机制，构建交易平台，保障农民在水权转让中的合法权益。

（二十）增加农业节水投入。进一步加大中央和地方对大型和中型灌区节水改造、高效节水灌溉和旱作节水农业示范等的投入力度；增加中央和省级小型农田水利设施建设补助专项资金规模；全面落实从土地出让收益中提取10%用于农田水利建设政策，抓好中央统筹资金的使用管理，重点向粮食主产区、中西部地区和革命老区、少数民族地区、边疆地区、贫困地区倾斜，大力发展节水灌溉。农业发展银行要在风险可控的前提下，为发展节水灌溉提供中长期政策性贷款支持。加大节水灌溉研发投入，提高科技装备水平。扩大节水和抗旱机具购置补贴范围。

（二十一）发挥农民的主体作用。农民是开展农业节水和受益的主体，要充分尊重农民意愿和首创精神，鼓励农民建立用水户协会等多种形式的农民用水合作组织，让农民广泛参与农业节水工程的建设和管理，对用水节水中的问题进行民主协商、自主决策。通过政策引导、项目带动、“一事一议”财政奖补、技术指导、制度约束、信息服务等多种形式，调动农民节水积极性，让农民得到实实在在的经济利益。

（二十二）完善技术服务体系。建立健全以乡镇或小流域为单元的基层水利服务机构、专业化服务队伍和农民用水合作组织“三位一体”的基层水利服务体系。强化基层水利服务机构水资源管理、防汛抗旱、农田水利建设、水利科技推广等公益性职能，按规定核定人员编制，充实技术力量，经费纳入县级财政预算；加强与农机、农业技术服务机构等的合作，在节水灌溉技术模式、设备选型与运行维护等方面为农民提供指导。充分发挥灌溉试验站、抗旱服务组织、节水灌溉公司等专业化服务队伍在节水灌溉、抗旱减灾、设备维修、技术推广等方面的作用。大力扶持农民用水合作组织发展。组织开展针对基层水利技术人员、农技推广人员、农民的技术培训，提高其管水、用水的能力。重视解决基层水利技术人员和农技推广人员在生产生活中的实际困难。

（二十三）深化工程管理体制改革。明晰农业节水工程产权，落实管护主体责任和管护经费，逐步建立职能清晰、权责明确、管理规范的运行机制。深化水管单位管理体制改革，落实公益性、准公益性水管单位基本支出和维修养护经费。以产权制度改革为核心，采取租赁、承包等方式，不断创新工程管理模式，大力推行用水户参与管理，逐步形成小型农业节水工程良性运行机制。

（二十四）推进农业水价综合改革。按照促进节约用水、降低农民水费支出、保障灌排工程良性运行的原则，建立科学合理的农业用水价格形成机制，合理确定农业水价。在渠灌区逐步实现计量到斗口，有条件的地区要计量到田头；在井灌区推广地下水取水计量和智能监控系统。重视利用经济杠杆促进农业节水，探索实行农民定额内用水享受优惠水价、超定额用水累进加价的办法，农业灌排工程运行管理费用由财政适当补助。强化农业水价制定、水费计收与使用监管，增加工作透明度，坚决制止中间环节搭车收费和截留挪用。

六、组织实施

（二十五）加强组织领导。地方各级人民政府要将农业节水摆在重要位置，及时研究解决工作中遇到的突出问题，在政策制定、资金安排等方面发挥主导作用。各省（区、市）要根据本《纲要》，结合本地区实际，制定具体实施办法。水利、农业、发展改革、财政、国土资源、科技、林业、气象等部门要各司其职，密切配合，共同做好农业节水工作。

（二十六）制订相关规划。地方各级水利、农业等部门要根据经济社会发展的总体目标和水资源承载能力，制订节水灌溉、旱作节水农业等相关中长期发展规划和年度实施计划，经各方面专家论证、审查和政府审批后，作为安排农业节水补助资金和整合相关资金的重要依据。规划要与流域、区域的水资源开发利用和总量控制指标相适应，与抗旱、农村土地整治、农业发展、资源能源节约、生态环境保护、节水型社会建设等规划相衔接。

（二十七）加强监督检查。结合落实最严格水资源管理制度，对农业节水目标和任务完成情况进行考核，并将考核结果与下年度项目和投资计划安排相挂钩。对在发展农业节水中作出优异成绩的单位和个人按照国家有关规定进行表彰；对严重破坏农业节水设施、违反节水有关规定、扰乱用水秩序的行为依法追究责任。建立农业用水和农业节水监测评估制度，进行年度监测和定期评估，确保工程长期发挥效益，避免对环境造成不利影响。

（二十八）强化宣传教育。充分运用广播、电视、报刊、网络等多种媒体，大力宣传节水的重要性和紧迫性，不断扩大水情宣传教育覆盖面，营造节水的良好社会氛围，形成全社会治水兴水的强大合力。围绕水与生命、水与粮食、水与生态等主题，大力普及农业节水知识和先进实用节水方法，广泛宣传和交流各地开展农业节水取得的成效、经验和做法。

参考文献

[1] 陈书奇，杨柠．节水型社会建设知识问答 [M]. 北京：中国水利水电出版社，2006.

[2] 奕永庆．经济型喷滴灌 [M]. 北京：中国水利水电出版社，2009.

[3] 水利部农村水利司，中国灌溉排水发展中心．水稻节水灌溉技术 [M]. 郑州：黄河水利出版社，2012.

[4] 奕永庆，周国雄．水稻无水层灌溉水分生产率分析 [J]. 浙江水利科技，2012（5）：24–26.

[5] 奕永庆，姚晓明．农田水利专利技术实践 [J]. 中国农村水利水电，2013（7）：50–53.